完美烘焙术系列

好吃的
四季面包
盛宴

Bread
Party

〔日〕佐川久子　著　　　　新锐园艺工作室　组译　　　　杨宇晖　高彬　张文昌　译

中国农业出版社
北 京

Contents | 目录 |

3

前言 Prologue

面包起源于古埃及。在那之前人们的主食是类似麦片这样的食物，相传有一个埃及人想烤一些饼给大家吃，但饼还没有烤好，他却不小心睡着了，烤饼的火也灭了。这个人醒来的时候，发现了生面饼和昨天的相比已经大了一倍。为了不让别人知道自己偷懒的事，他又急忙把饼放进炉子里去了，经过一段时间的烘烤，拿出来给大家吃，结果大家发现这个饼比以前的饼更加好吃，而且非常松软，这就是最早的面包。

后来人们经过不断尝试，将马铃薯、小麦煮熟，加入糖发酵，做成天然酵母用于面包，面包开始变得膨胀。19 世纪中期巴斯德发现酵母菌之前，人们一直认为膨胀的面包是"神的礼物"。

我无论是在家或在各种场合教大家制作面包时，都会考虑季节和食材，做出各种各样的面包，这使我非常开心，也真切感觉到"手工制作的面包是神的礼物"。

佐川久子

本书使用说明

● 本书使用了 3 种基本面团，同时，介绍了笔者的原创食谱。

● 书中揉面团时使用揉面机，最后一次发酵时使用发酵器皿。

● 第一次发酵除了特别指定温度外，一般为室温发酵（25℃左右）。不同季节进行室温发酵时，可用调温的水调整面团温度。第一次发酵时，揉好的面团温度是关键。

● 整形的部分会特别解说或利用步骤照片说明。

● 烘焙时，除了特别说明的情况以外，本书都是介绍使用瓦斯烤箱时的温度与所需要的时间。根据烤箱的制造商或型号不同，烘烤温度与所需的时间也会不同。烤箱显示的温度与烤箱内的实际温度不同，是造成面包没有焦色、烘烤失败的主因。家庭烤箱有时不会按照设定的温度预热，也有很多时候实际温度会与显示的温度不同，所以最好用烤箱温度计测量烤箱内的温度，用实际温度烘烤。

● 材料栏括号内的 % 为烘焙百分比（参考 P6 ~ 7）。

做面包坚持的 7 个原则

1 选材不妥协

面包味道的关键是食材的选择。面粉的配比及辅料的选择，会大幅影响口感，特别是当混合了2种以上的面粉时，容易产生新口味，这也是做面包的乐趣之一。

2 将季节特色融入面包

季节食材不仅能表现出当季才有的美味，更能对参加宴会的来宾传达出热情。

3 判断发酵是关键

气温与湿度会使发酵产生剧烈变化，对第一次发酵、最后一次发酵的判断，不仅会影响烘焙后的体积与口感，还与口味变化息息相关。

4 不拘泥于面包制作的基本流程

虽然制作面包有基本流程，但制作方法不存在绝对标准，不要拘泥于基本制作流程等相关常识，自由尝试各种想法。

5 与面团对话

即使按照食谱制作也会有不顺利的时候，此时应当触摸面团，面团会向你传达出"还在发酵中""发酵完成"等讯息。

6 做出完美的圆形面团

漂亮的圆形面团更易产生二氧化碳，也更易整形，这样就更易烘焙出好看又好吃的面包。

7 安排制作时间表

从揉面团到烘焙，事前安排好每道工序及时间，不但心情上会更加放松，而且会更专心地制作面包。

制作面包的基础材料

●小麦粉

1. 面粉的种类

根据面粉中蛋白质的含量不同，分为高筋面粉、中高筋面粉、中筋面粉、低筋面粉；根据面粉加工精度的不同，分为特精粉、特一粉、特二粉、标准粉、普通粉。

2. 面包用面粉

做面包时一般使用高筋面粉和中高筋面粉。对面粉加水和施力都会产生麸质。轻柔的话麸质含量会减少，弹性下降，揉过头的话部分麸质结构会被破坏，造成面团软化。

●油脂

1. 用途

增加面包的分量，提升面团的延展性，让面包的口感更柔软，延迟面包的硬化。

2. 用量

做面包时，若设定面粉用量为100%，则油脂的用量为面粉用量的4%~10%，多的时候为15%~25%。

3. 使用方法

不需熔化。

●水

1. 用途

材料的溶剂，形成麸质的要素，调整面团的温度及柔软度。

2. 适合面包的水

弱酸性的水（pH5~6）最适合，但一般使用自来水。

3. 用量

做面包时，若设定面粉用量为100%，则水的用量为面粉用量的60%~70%，但根据面粉的种类、湿度和辅料的不同，水的用量会有极大的差异。

4. 计算加水的温度

公式:$(40℃ ±5℃)$ – 面粉的温度 = 加水的温度。

如果室温在22~26℃，就以40℃减去面粉的温度，室温比这个温度高时，就用40℃ –5℃，比这温度低时就用40℃+ 5℃。面粉的温度也就是保存环境的温度。

举例（当面粉置于室内时）
①室温30℃时
（40℃ –5℃）–30℃ =5℃
②室温20℃时
（40℃+ 5℃）–20℃ =25℃
③室温15℃时
（40℃+ 5℃）–15℃ =30℃
④室温25℃时
40℃ –25℃ =15℃

●盐

1. 用途

调整酵母菌的发酵程度，防止杂菌繁殖；使麸质紧实，提高面包的蓬松度；与其他材料配合，调整面包的口味。

2. 用量

若设定面粉用量为100%，做吐司时，盐的用量为面粉用量的1.7%~2.2%；做甜面包时，盐的用量为面粉用量的1%~1.8%。

●酵母菌

1. 用途

分解糖类，产生二氧化碳和酒精。酵母菌含有各种酶，会产生酸、酒精和芳香物质，从而提升面包的风味。

2. 用量

做面包时，若设定面粉用量为100%，则干酵母的用量为面粉用量的1.5%~3%，新鲜酵母的用量为面粉用量的4%~6%。

3. 优质酵母菌

活性强，没有恶臭，有淡淡的果香，可以长期保存，不用预备发酵。

4. 酵母菌活动与温度的关系

4℃——活动停止；
12℃——活动显著减弱；
27~30℃——活跃；
45℃——活动显著减弱；
60℃以上——死亡。

5. 使用方法

和面粉充分搅拌后使用。

● 砂糖

1. 用途

酵母菌发酵的营养来源；让面包有甜度；让面包柔软，延迟硬化；让面包充满色泽和香气。

2. 用量

砂糖的用量要和酵母菌的用量一样，但若砂糖的用量超过面粉用量的 10%，会影响酵母菌的活动。

一般来说，吐司的砂糖用量为面粉用量的 4%～6%，甜面包为 5%～10%，但也有的面包使用量达到面粉用量的 10%～25%。

3. 种类

一般多使用上白糖，也有的使用细砂糖、洗双糖、三温糖。

● 乳制品

1. 用途

提高营养价值，提升味道和香气，提升面包色泽，使面包内部变得柔软。

2. 种类

牛奶、奶酪。

● 鸡蛋

1. 用途

提升口感、香气，美化外观，让面包内部变得柔软；提高营养价值，延迟硬化；增加面包分量。

2. 注意事项

因为鸡蛋会抑制酵母菌发酵，所以使用时必须注意。另外，蛋白会使面包表皮变硬，须特别注意。

本书使用的材料：
面粉：低筋面粉（江别制粉 /DOLCE）、中高筋面粉（梅森凯瑟传统型）、高筋面粉（江别制粉 / 春丰合舞）、特高筋面粉（江别制粉 / 金帆船）。
盐：法国生产的盖朗德盐。
砂糖：日本种子岛的粗糖，即洗双糖。

制作面包的工具：揉面垫、擀面杖、切刀、电子秤、量尺、量杯、油温计（测量面粉的温度）、揉面机。

基础面团的做法——1

吐司面团

方砖吐司

| 材料 7.5 厘米的方砖吐司模具 5 个 |
面粉…300 克（100%）
　高筋面粉（江别制粉 / 春丰合舞）…150 克（50%）
　特高筋面粉（江别制粉 / 金帆船）…150 克（50%）
干酵母…6 克（2%）
砂糖…15 克（5%）
盐…5.1 克（1.7%）
水…189 毫升（63%）
奶油…21 克（7%）

| 做法 |
1 揉面…20 分钟。
2 第一次发酵…40 分钟。
3 分割・滚圆…每个 100 克，分割为 5 个，滚圆。
4 第二次发酵…20 分钟。
5 整形。
6 最后一次发酵…35℃ 的发酵器具，约 40 分钟（面团最好膨胀至距离模具口 1.5 厘米的位置）。
7 烘焙…190℃，17 分钟。

| 重点 |
● 揉好的面团温度为 27℃。

1 揉面（手工揉面） 在碗中加入面粉、酵母、砂糖，仔细搅拌均匀。

2 将盐慢慢撒入。

3 将水慢慢倒入，用铲子搅拌后，用手将面粉集中成一块面团后，再加入奶油。

4 拿出面团用手掌上下拉扯面团，用手揉捏面团 20 分钟。

1～4 可以使用揉面机。

5 揉好后，确认面团温度为 27℃。

6 第一次发酵将面团放回碗中，覆盖保鲜膜，让面团发酵（40 分钟）。室温控制在 27℃ 为宜。

7 40 分钟后，碗中的面团膨胀的样子。

8 手指蘸面粉插入面团中，如果面团没有恢复就表示发酵完成（即手指测试）。

9

分割·滚圆 将面团从碗中取出，放在揉面垫上。用切刀将面团分成5等份。

10

将切好的面团捏圆，从面团外侧向中心翻折，面团会逐渐变圆，用双手来回滚动面团，使之紧实、变圆。

11

第二次发酵 在面包箱中铺上布，将面团放在布上，并盖上盖子静置（20分钟）。

12

整形 将面团移到揉面垫上，将第二次发酵后的面团表面朝下，用双手下压面团，将气体排出。

13

用擀面杖从面团中央向后擀，再从中央向前擀，将面团旋转90°，重复同样的动作。

14

找出面团的中心，从边缘向中心折小三角。

15

整形 用手掌一边将气体挤出，一边将三角形压平，然后向中心折三角直至变成圆形。

16

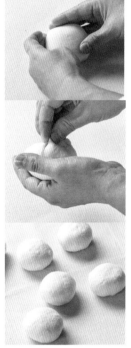

收口朝下，将面团整成圆形且表面平滑。

17

给模具内壁喷油。

18

面团的收口朝下，放入模具中。

19

最后一次发酵 放入发酵器皿中，35℃，湿度85%，开始发酵（40分钟）。

20

当面团膨胀至模具的8～9分满时，即可判断发酵完成。

21

烘焙 放入190℃的烤箱，烤17分钟。

吐司面团

面团的特征

● 面粉为高筋面粉（江别制粉 / 春丰合舞）与特高筋面粉（江别制粉 / 金帆船）的混合物，辅料有干酵母、砂糖、盐、水和油脂。

● 揉好的面团温度为 27℃，用水调温是重点。

● 基础面团在烘焙时较易成型。

● 材料易获得，常用于做主食面包。

● 第一次发酵后，若滚圆、整形时没有很好地将气体排出，会造成面包的孔隙粗大、松软无弹性。

INDEX

本书中用吐司面团制作的面包

★ ⋯ 难易度　　P 为页码

布里欧修面团

巴黎风布里欧修

| 材料　圆筒形钢网模具 1 个 |

面粉…300 克 (100%)

　　高筋面粉（江别制粉 / 春丰合舞）…
　　150 克（50%）

　　特高筋面粉（江别制粉 / 金帆船）…
　　150 克（50%）

干酵母…6 克 (2%)

砂糖…45 克 (15%)

盐…3 克 (1%)

奶油…60 克 (20%)

鸡蛋（全蛋）…45 克 (15%)

水…120 毫升 (40%)

* 按照喜好加入朗姆酒 9 毫升 (3%)。

| 做法 |

1 揉面…20 分钟。

2 第一次发酵…40 分钟。

3 分割・滚圆…不用分割，仅滚圆。

4 第二次发酵…20 分钟。

5 整形。

6 最后一次发酵…发酵器皿，35℃，
20 ～ 30 分钟。

7 烘焙…190℃，15 ～ 30 分钟（会
根据面包形状和分割大小变化）。

| 重点 |

● 揉好的面团温度为 27 ～ 28℃。

1 揉面（使用揉面机）　在揉
面机中放入面粉、干酵
母、砂糖，开始搅拌后加
入盐。

2 调整加水的温度，将水从
中心向外侧螺旋状加入。

3 加入鸡蛋，当其与面粉搅
拌成团状时，倒入放软的
奶油，开始揉面。揉好的
面团温度为 27 ～ 28℃。

4 第一次发酵　盖上盖子，
于室温 (24 ～ 27℃) 静置
40 分钟。使用揉面机的
话，若室温超过 24℃，要
将揉面容器从揉面机上卸
除，因为马达的余热会提
高面团的温度，所以夏天
必须特别注意。

5 滚圆　第一次发酵
结束后，将面团放
到揉面垫上，揉成
圆饼状，对折。

6 将 5 的收口朝上，
向外对折。

7

将面团一边 90°旋转，一边捏圆。

8

第二次发酵 在面包箱中铺上布，让面团休息，盖上盖子 (20 分钟)。照片为第二次发酵结束后的面团。

9

整形 将第二次发酵后的面团移到揉面垫上，翻面放置，用双手压面团，将气体排出。

10

用擀面杖从面团中央向后擀，再从中央向前擀，往四个角斜 45°擀，擀成长方形 (20 厘米 ×35 厘米)。

11

将面团卷成圆柱形。

12

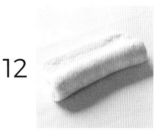

用指尖将卷好的面团收口捏紧。

13

在圆筒形钢网模具上喷油，放入面团。

14 **最后一次发酵** 将模具盖上盖子，放入发酵器皿中，35℃，湿度 85%，开始发酵。面团膨胀至锁扣以上时即表示发酵完成。

15 **烘焙** 放入 190℃的烤箱，烤 25 分钟。

布里欧修面团

面团的特征

- ●使用的面粉为高筋面粉（江别制粉／春丰合舞）、特高筋面粉（江别制粉／金帆船）各 50% 混合而成。
- ●需考虑模具的形状和因受气温影响面团膨胀的大小，来改变面粉混合的比例。
- ●辅料有酵母、砂糖、盐、水和鸡蛋。牛奶、黄油、砂糖的烘焙百分比较高是其特征。
- ●揉好的面团温度应控制在 27 ～ 28℃。
- ●如果气温变低，发酵时间就会延长。反之，如果气温变高，整形时气体无法很好地排出，面包的孔隙就会变得粗大。如果没有正确判断放在模具里的面团是否完成发酵，烘焙的面包形状就会不佳。

INDEX

本书中用布里欧修面团制作的面包

★ … 难易度　　P 为页码

高水量面团

乡村面包

| **材料** 内径 22 厘米发酵篮 |

面粉…400 克 (100%)

 中高筋面粉（梅森凯瑟传统型）…330 克
 （82.5%）

 特高筋面粉（江别制粉 / 金帆船）…70 克
 （17.5%）

洗双糖…12 克 (3%)

盐…8 克 (2%)

星野天然酵母…24 克 (6%)

水… 280 毫升 (70%)

干酵母…1.5 克 (0.37%)

| **做法** |

1 揉面…6 分钟。

2 第一次发酵…20℃，4 小时，冰箱冷藏 3 小时。

3 分割·滚圆…不用分割，仅滚圆。

4 最后一次发酵… 发酵器皿，33 ℃，40 ~ 60 分钟。

5 整形。

6 烘焙…250℃ 8 分钟，220℃ 15 分钟。

烤箱先用 250℃预热，形成蒸汽。

| **重点** |

●发酵后，手不要直接触摸面团，触摸时手上要涂上面粉。

1 揉面（使用揉面机） 在揉面机的容器中放入面粉、干酵母、洗双糖、星野天然酵母。

2 打开搅拌开关后仔细搅拌，加入盐。

3 调整加水的温度，从里向外螺旋状倒水。

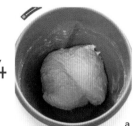

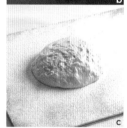

4 第一次发酵 将揉好的面团 (a) 放入塑料袋中 (b)，20℃，静置 4 小时，然后再放到冰箱 3 小时，进行第一次发酵。照片 c 为第一次发酵后的面团。

5 将面粉撒在铺了布的发酵篮中，同时也在揉面垫上撒上一层面粉。

6

滚圆 第一次发酵结束后，将面团放到揉面垫上，揉成一个圆球。由于面团是湿黏的状态，所以诀窍是蘸面粉快速地捏圆。

7

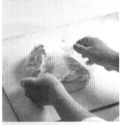

将面粉撒在滚圆的面团上，放进发酵篮，用手掌压实面团。

8

将面团从右到左对折，再向前对折，反复翻折。

9

最后一次发酵 将发酵篮放进发酵器皿 (a)，33℃，无湿气，发酵 40 ~ 60 分钟。照片 b 为发酵完成的样子（面团膨胀至发酵篮的八分满）。

10

整形 将发酵篮倒扣，使面团置于铺了烘焙纸的揉面垫上（因为水分较多，当布黏在面团上时，要一边慢慢地将布撕开，一边将面团取出）。

11

用割纹刀划出 3 道花纹（注意不要让面团分开）。

12 **烘焙** 250℃烤 8 分钟，200℃ 15 分钟。蒸汽烘焙。

用珐琅铸铁锅制作
高水量乡村面包

STAUB 椭圆形珐琅铸铁锅（横径 23 厘米）
材料种类及使用量与 P15 一样

1

按照锅的深度，剪裁烘焙纸，呈放射状，然后铺在锅中。

2 **揉面、第一次发酵** 根据 P15 的 1 ~ 4 步骤，将完成第一次发酵的面团倒入锅中。不需要分割·滚圆。

3

a

b

最后一次发酵 放进发酵器皿 (a)，33℃，无湿气，发酵 40 ~ 60 分钟。照片 b 为发酵完成的样子（面团会膨胀至锅的八分满）。

4

整形 将面粉撒在 **3** 的面团上，并用剪刀划出叶脉状花纹。

5

烘焙 250℃烤 8 分钟，220℃烤 15 分钟。蒸汽烘焙。

高水量面团

面团的特征

●使用微量的干酵母和星野天然酵母，面粉以中高筋面粉为主，也使用一些特高筋面粉。砂糖是洗双糖，盐使用盖朗德盐，不使用油脂。

●配合室温发酵和冷藏发酵，让面团缓慢发酵是重点。

●因为水的百分比很高，光是用手触摸面团就会觉得湿黏，所以制作时除非必要，否则不要用手触摸面团。

●较难判断发酵的时机和烘焙的温度。多尝试几次才能掌握。

INDEX

本书中用高水量面团制作的面包

★ ⋯ 难易度　　P 为页码

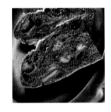 

---

column |||||||||||||||||||||||||||||||||||||||||||||||||||||||||||||

星野天然酵母的醒发方式

使用专门的发酵器皿 (a)，将星野天然酵母 50 克放入发酵器皿中，再加入 100 毫升、30℃的温水 (b)。仔细搅拌后，设定好发酵器皿温度为 27℃，发酵 27 小时 (c)，即可完成 (d)。然后，放在冰箱中冷藏 1 天后即可使用。

放入冰箱可冷藏保存 10 天。此外，醒发好的天然酵母快用完时，剩下的一点可以拿来做司康或格子松饼。做司康或华夫饼时，即使醒发好的天然酵母较少或放得较久都没有关系。

Chapter 1

Bread Party

四季面包料理

春

Spring

主角是面包的下午茶

我们家餐厅的家具、墙壁、灯饰统一是白色的，
整日有柔和的阳光照进来，面包教室也一直开在这里。
虽然我和学员一起从面团第一次发酵后开始实操，
但是从面团滚圆、第二次发酵、最后一次发酵、整形至
烘焙完成，却仍旧需要花费很长时间，
因此我的习惯是连同要招待客人的其他料理，与学员要用的烘焙半成品一起准备好。
春天，非常适合用全白餐具来装点下午茶，
给人一种春光明媚的感觉。

Lovely Bread for an Afternoon Tea Party

旋转春色面包

一般像这种用圆筒形钢网模具烘焙而成的面包，多半是用口感丰富的布里欧修面团做成的，像是 P12 介绍的巴黎风布里欧修一样，但是这款面包使用的却是吐司面团，而且是用双色面团制成。一半是用艾草面团包着白豆沙，一半是用白面团包着红豆，两种面团的切面像太极图一样，这是一款日式风味的甜面包。

做法见 P30

惊喜面包

用吐司面团烘焙而成的大圆顶面包，将中间挖空，并放进用挖出的面包做成的三明治。虽然也有餐馆会提供这类三明治当作明星产品，但他们使用的是乡村面团，而这种蓬松且湿润的面包口感则是我所独创的。烘焙大型面包时，揉好的面团会容易膨胀成圆形，所以制作难度比较高，但是一想到把盖子掀开时客人们的欢呼声，就希望大家都能来试着挑战这种手工面包。

做法见 P28

Menu

惊喜面包

火腿·奶酪·罗勒

烟熏鲑鱼·红叶莴苣

旋转春色面包

甜司康 & 咸司康

腌紫甘蓝

柠檬果冻

彩色费南雪

桑格利亚水果茶（冷）

下午茶常用到三层点心盘。下面第一层和第二层摆放咸司康，撒了一些从院子里采摘的药用鼠尾草叶子，最上层摆放水果。

用天然酵母做成的甜司康，口感湿润松软，搭配德文郡奶油和玫瑰果酱就是纯正的英式司康。

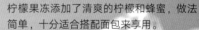

要为餐桌添色的时候，长管状气泡小玻璃杯就十分方便，可放入腌好的紫甘蓝，也可放入紫菜冷汤，造型十分美丽。

含有果泥和抹茶的彩色费南雪是客人带来的礼物，但这种手拿餐后甜点是很不错的选择，再将花瓣撒在上面做装饰。

柠檬果冻添加了清爽的柠檬和蜂蜜，做法简单，十分适合搭配面包来享用。

这是我喜爱的条纹茶具。今天的红茶是冷桑格利亚水果茶，我还在边桌另外准备了浓缩咖啡，供客人饮用。

甜司康

咸司康

| 材料　7 份 |

A
　低筋面粉…300 克
　细砂糖…15 克
　盐…1 克
　无盐黄油…90 克 (切块，1 厘米见方)
　星野天然酵母…24 克
B
　鸡蛋…30 克
　牛奶…45 毫升
鸡蛋液…适量

| 做法 |

1 将 A 加入食物料理机混合搅拌，全部变成粉末状后加入 B。

2 将 1 倒出，延展成厚 3 厘米的面团，整成 5 厘米 ×25 厘米的长方形。

3 将面团放进塑料袋，放在冰箱冷藏发酵 2 天。

4 将 3 的面团用 5 厘米的菊形模具压模 *，在表面涂上鸡蛋液，用 190℃烤 20 分钟。

* 压模时，先用 5 厘米的菊形模具压出 5 个，再整理剩下的面团，压出 2 个。

| 材料　20 份 |

A
　低筋面粉…300 克
　无盐黄油…80 克 (切块，1 厘米见方)
　星野天然酵母…24 克
B
　鸡蛋…50 克
　酸奶…40 克
　牛奶…15 毫升
　盐…2 克

馅料
　番茄干…30 克 (切碎)
　培根…3 片 (切碎)
　奥勒冈叶…1 小匙
　黑胡椒…1 大匙
　帕马森干奶酪 (粉)…4 大匙
鸡蛋液…适量

| 做法 |

1 将 A 加入食物料理机混合搅拌，全部变成粉末状后加入 B。

2 将 1 倒入碗中，加入馅料，均匀混合，整成厚 2 厘米的长方形面团。

3 将面团放进塑料袋，放在冰箱冷藏发酵 2 天。

4 将 3 的面团切成 2 厘米 ×3 厘米的长方形，涂上鸡蛋液，用 190℃烤 13 分钟。

腌紫甘蓝

柠檬果冻

桑格利亚水果茶（冷）

| 材料　4 份 |
紫甘蓝…1/4 个
白巴萨米克醋…4 大匙
法式沙拉酱（市售）…2 大匙
菊苣…适量
盐…少许

| 做法 |
1 将紫甘蓝切丝，撒上盐后静置 5 分钟，沥干水分，放进碗中，淋上白巴萨米克醋、法式沙拉酱调味。
2 放在冰箱冷藏至少 2 小时，盛到玻璃杯中，加上菊苣。

| 材料　4 份 |
吉利丁片…1.5 克 ×2 片
柠檬…1 个
水…1 杯
细砂糖…1/2 杯
蜂蜜柠檬汁
　蜂蜜…1 ~ 2 大匙
　柠檬汁…1.5 大匙
　水…2 大匙

| 做法 |
1 在碗中加入大量的水（分量外），放入 1 片吉利丁片，浸泡 10 分钟直至变软。
2 将柠檬皮黄色的部分薄切，和 1 杯水一起倒入锅中，开中小火煮。
3 沸腾后转小火，加入细砂糖，压碎果皮让香气散发，煮 7 ~ 8 分钟直到细砂糖溶解为止，取出果皮（如果煮过头会产生苦味）。
4 将 2 和 1 倒入 3 中溶解，不要煮到沸腾，关火后冷却一会。
5 倒入容器中，放在冰箱冷藏 2 ~ 3 小时。
6 等其冷却凝固，将蜂蜜柠檬汁倒在 5 上。

| 材料　4 份 |
茶叶（英国红茶）…10 克
热水…400 毫升
冰块…200 克
水果
　苹果…1 个
　奇异果…1 个
　橘子…1 个

| 做法 |
1 将茶叶加到温过的茶壶中，倒入热水，盖上盖子泡 15 分钟。
2 泡茶叶时，将冰块加到另一个茶壶中。
3 将泡好的红茶倒入 2 的茶壶中，快速搅拌使之冷却。
4 过滤冰块，将红茶倒入盛放的容器中，置于室温。
5 将水果切好加入 4 中。
6 将冰块放进玻璃杯，再将 5 倒入。

惊喜面包

| 材料 21 厘米型 1 份 |

面粉…500 克 (100%)
　高筋面粉（江别制粉 / 春丰
　合舞）…250 克 (50%)
　特高筋面粉（江别制粉 / 金
　帆船）…250 克 (50%)
干酵母…7.5 克 (1.5%)
砂糖…35 克 (7%)
盐…7.5 克 (1.5%)
牛奶…170 毫升 (34%)
水…170 毫升 (34%)
黄油…35 克 (7%)
蛋液（全蛋）…适量

| 做法 |

1 揉面…20 分钟。

2 第一次发酵…40 分钟。

3 分割·滚圆…不用分割，仅
滚圆。

4 第二次发酵…20 分钟。

5 整形。

6 最后一次发酵…发酵器皿，
35℃，20 ～ 30 分钟。

7 烘焙…180℃，30 分钟。

最后一次发酵后，用刷子涂上
鸡蛋液（全蛋），划出花纹。

| 重点 |

● 揉好的面团温度为 27℃。

1

从揉面到第二次发酵的过
程请参照 P8 ～ 9(不分割)。
将第二次发酵完成后的面
团放到揉面垫上，滚圆。

2

用双手将面团的气体排出，
将面团向前、向后来回拉
扯，整成圆形，前后 8 次
（若拉扯过度将会伤到面
团，必须注意）。

3

将面团的背面仔细捏合。

4

将面团放入圆形模具中，
用牙签在表面扎孔，排出
残留的气体。

5

用手压面团，使面团的气体
排出。因为面团在最后一次
发酵时会膨胀，所以面团距
离模型的四周要留有空间。

6

最后一次发酵后，面团膨
胀占满整个模具，用刷子
在面团表面涂上鸡蛋液。

7

划上格子花纹，每条花纹
间隔约 2 厘米（用刀划，不
要太用力）。

惊喜面包的切法

1 用手将完全冷却的面包立起来，在距离上部 5～6 厘米的地方插入刀子（刀刃越长越好）。

2 将 1 横放，用刀子将面包盖切下。

3 将切下盖的 2 再次立起来，在距离底部 2 厘米厚的地方插入刀子。

4 将 3 横放，切下 2 厘米厚的底部。

5 从距离 4 侧边 1.5 厘米的地方插入刀子，挖出一个圆形的面包。

6 切除完成时，面包会分成盖子、底部、侧面和中间 4 个部分。

7 将面包中间部分（圆形面包）分成三等份。

8 将 7 旋转 90°，各切成 4 片。

9 面包中间部分共切成 12 片。

根据馅料不同，可将切好的面包片做成 2 种口味的三明治。制作完成后盛到面包盘上，再用芝麻菜等喜欢的香草装饰。

火腿·奶酪·罗勒

| 材料 |

奶酪片…4 片
火腿片…4 片
罗勒叶…8 片
罗勒酱（市售）…适量

| 做法 |

在面包片上涂上罗勒酱，夹上奶酪片、罗勒叶和火腿片，用保鲜膜覆盖，在冰箱冷藏 20 分钟，再切成喜欢的大小。

烟熏鲑鱼·生菜

| 材料 |

A {烟熏鲑鱼…6 片
生菜…3 片

B {奶油奶酪…60 克
芥末美乃滋…60 克
（将黄芥末和美乃滋用 2：3 的比例混合）

| 做法 |

在面包上放上 A 后，涂上 B，再用另一片面包片夹起来。
用保鲜膜覆盖，在冰箱冷藏 20 分钟，再切成自己喜欢的大小。

旋转春色面包

| 材料　圆筒形钢网模具 1 个 |

面粉…320 克（100%）
　高筋面粉（江别制粉 / 春丰
　　合舞）…96 克（30%）
　特高筋面粉（江别制粉 / 金
　　帆船）…224 克（70%）
干酵母…6.4 克（2%）
砂糖…19.2 克（6%）
盐…4.8 克（1.5%）
水…208 毫升（65%）
黄油…16 克（5%）
艾草粉…12.8 克（4%）
馅料
红豆…适量
白豆沙…适量

| 做法 |

1 揉面…20 分钟（揉面结束
后，将面团分成 2 等份。在
其中一块加入含有 2 大匙水
的艾草粉，然后再揉 3 分钟）。
2 第一次发酵…40 分钟。
3 分割·滚圆…分割成 280
克，2 等份，滚圆。
4 第二次发酵…20 分钟。
5 整形。
6 最后一次发酵…发酵器皿，
35℃，40 分钟。
7 烘焙…200℃，25 分钟。

| 整形 |

白面包红豆，艾草面团包
白豆沙。

| 重点 |

● 揉好的面团温度为 27℃。
● 用擀面杖将面团擀成 20 厘
米 ×30 厘米的长方形。

7

面团上均匀地涂上白豆沙，
将 2 条长边各留 2 厘米用
于收口。

8

从下方 2 厘米处向内对折，
注意左右厚度要均等。

1

揉面到第二次发酵的过程请
参照 P8 ～ 9(分割为 2 等份)，
将艾草面团放到揉面垫上。

4

将 3 的面团朝 45°的方向
擀出一个角。

9

一边延展面团，一边向内
卷，卷的时候厚度要保持
均等。

2

将面团翻过来，用双手将
气体排出。

5

从另一边也朝 45°的方向
擀出另一个角。

10

用指尖捏紧收口。

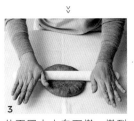

3

从面团中央向下擀，擀到
距离下端 3 厘米处停止。

6

从面团中央向前擀时，一样
朝 45°的方向制造出一个角，
并让面片厚度均等，整成 20
厘米 ×30 厘米的长方形。

11

将面团整成长 30 厘米的
棒状。

12

将白面团的正面朝下，用双手轻压排气。

↓

13

参考艾草面团的延展过程，将白面团整成 20 厘米 ×30 厘米的长方形，然后撒上红豆。

↓

14

从 30 厘米长边处向内对折 2 厘米，不断往内卷，注意左右厚度要保持均匀。

↓

15

用指尖捏紧收口。

↓

16

将面团整成长 30 厘米的棒状。

17

将白面团和艾草面团摆成 X 形。

↓

18

将白面团的一头叠到艾草面团上。

↓

19

将另一头白面团再叠到艾草面团上，使两条面团扭在一块。

↓

20

用手指插入面团两端，以不会破坏造型的方式夹住面团。

↓

21

将面团放入喷好油的圆筒形钢网模具中，进行最后一次发酵。

column ||||||||||||||||||||||||

惊喜面包
外壳的花样吃法

三明治的面包盒，
有创意，制作轻松又美味。

成人味比萨面包 (使用底部)

在表面涂上薄薄一层颗粒芥末酱，撒上番茄干适量、百里香 2 小匙、大蒜片少许、奶酪适量，用 220℃ 烘焙 8 分钟。

蜜糖吐司 (使用盖子)

在盖子内侧涂上含盐黄油 20 克，撒上洗双糖 2 大匙，用 180℃ 烘焙 10 分钟。

马卡龙蛋糕 (使用侧面)

将侧面的面包用圆形模具切出图片所示蛋糕坯，涂上含盐奶油，撒上切碎的调温巧克力，用 180℃ 烘焙 5 分钟，淋上蜂蜜。

Early Summer

Enjoy Vegetables in the Italian Style

左 / 木质露台的四周是精心养护的香草和树木。右 / 瓦砖堆成的烤肉架

以蔬菜为主的意式派对

当隔壁公园的绿荫渐浓时，通往我家餐厅的木质露台就变成了受客人欢迎的空间。

前院栽有橄榄、葡萄和各式各样的香草，园艺是我休息放松的方式。

我会在这里和丈夫一起用瓦砖堆成的烤肉架烤比萨，也利用烤肉架招待客人。

虽然派对基本上是在室内，但加上露台的空间，可以增加开放感，给客人带来欢喜。

我想了一份最近流行的蔬菜面包的菜单。

当我逛意大利超市时一眼就被这块麻叶花纹的桌布吸引，搭配上黑色餐具很有格调。

新鲜的蔬菜和海鲜搭配，口感非常清爽。

蔬菜面包

　　这种面包是在整形时包进大量蔬菜丁，然后放入长吐司模具中烘焙。用吐司面团当作基底，可能是因为蔬菜拥有酵素，烘焙后，面包拥有惊人的湿润口感和独特的甜味。也可以将这种蔬菜面包的上面切开，塞入可以生吃的新鲜蔬菜当作沙拉。当客人看见蔬菜面包时会先对它的外表感到好奇，切开后更会引来惊呼。思考如何制作这种让人快乐的面包，对我来说很享受。

做法见 P42

蓬松佛卡夏

大家知道法国制造的 STAUB 珐琅铸铁锅很适合做面包吗？我有好几个不同颜色和形状的 STAUB 珐琅铸铁锅。将面团放到锅里，在里面完成最后一次发酵，直接放进烤箱中烘焙，成品的形状会相当完美。蓬松佛卡夏使用的是吐司面团，若是烘焙高水量乡村面包时，一定要用这个锅！

在烤好的蓬松佛卡夏上，撒上迷迭香就完成了，享用时一定要搭配橄榄油。

做法见 P41

格里西尼

格里西尼口感酥脆，原本是意大利北部的乡村面包，现在变成了搭配啤酒和洋酒的下酒菜。我加入了帕玛森奶酪，除了原味外，还制作了芝麻口味，烘焙时家人会被香味吸引！将格里西尼作为前菜，包着生火腿品尝相当美味。

做法见 P40

意式水煮鱼常将鱼类和贝类一起炖煮，十分美味。只要将食材准备好，很快就能上桌。

使用当季的鲷鱼做生鱼切片，佐以法式沙拉酱、颗粒芥末酱、柠檬汁和酱油等。

Menu

格里西尼
芝麻味、原味

蓬松佛卡夏

蔬菜面包

芥末鲷鱼冷盘

意式水煮鱼

迷迭香串烧

苹果核桃菊苣奶酪沙拉

烤综合蔬菜

奶酪和面包是百搭的食材。这道沙拉是古冈左拉奶酪搭配苹果、核桃和菊苣，可以说是黄金组合。

烤综合蔬菜似乎是再简单不过的一道菜，但能吃到真正美味新鲜的蔬菜却不易。我家附近有专门栽培蔬菜的农场——Kiredo，好几次面包教室的"田园蔬菜料理宴会"都是使用从他们家采摘的新鲜蔬菜，与这些蔬菜的相遇也是我开始思考蔬菜面包的契机。对我来说，各种季节的蔬菜已经变成了我生活不可或缺的一部分了。

芥末鲷鱼冷盘

意式水煮鱼

| 材料 4 份 |
鲷鱼 (刺身用)…半片
旱芹…1 根（5 厘米长）
胡萝卜…适量
大葱…适量（切碎）
小葱…适量（切碎）
芥末酱
　法式沙拉酱…8 大匙
　柠檬汁…2 小匙
　酱油…2 小匙
　颗粒芥末酱…1/2 大匙
　盐、胡椒、柠檬汁…各少许

| 做法 |
1 将旱芹、胡萝卜切成细丝，浸在冰水中，可使口感更清脆。
2 切鲷鱼时将菜刀横放，用刀刃移动切片，尽可能地切薄。
3 将 2 并排放在冰过的器皿上，涂上少量调制好的芥末酱，用汤匙的背面将其涂匀。
4 摆上沥干的 1，加入适量盐、胡椒和柠檬汁调味，撒上小葱和大葱。

| 材料 4 份 |
鲷鱼…1 条
贻贝…8 个
蛤蜊…4 个
长枪乌贼…2 只
EV 橄榄油…3 大匙
辣椒…2 小根（去籽）
大蒜…2 片（捣碎）
白葡萄酒…70 毫升
酸豆…1 大匙
黑橄榄…12 颗
小番茄…8 颗（对半切）
意大利香芹…适量（切碎）
盐、黑胡椒…适量

| 做法 |
1 去除鲷鱼内脏，沥干水分。切开腹部，在腹中和表面撒上少许盐和黑胡椒。
2 仔细清洗贻贝和蛤蜊，去除长枪乌贼的肠泥，切成 3 厘米的小块。
3 用平底锅加热 EV 橄榄油，煎 1 的鲷鱼表面，加入大蒜和辣椒。
4 当鲷鱼表面煎成焦黄时翻面，加入贻贝、蛤蜊和长枪乌贼。倒入白葡萄酒、酸豆、黑橄榄、小番茄和意大利香芹，撒上少许盐和黑胡椒。
5 沸腾后盖上锅盖转中火，当贝类开口时，打开锅盖边煮边淋上锅内的汤汁。
6 将海鲜盛到盘中，继续熬煮剩余的汤汁，最后加入适量 EV 橄榄油（分量外）用来当作蘸酱，再撒上适量意大利香芹（分量外）。

迷迭香串烧

| 材料 4 份 |
黑虎虾…4 只
猪里脊肉…1 块
绿皮密生西葫芦…1 个
红甜椒…1 个
黄甜椒…1 个
迷迭香 (新鲜)…4 枝
蒜泥…少许
盐、胡椒…各少许
EV 橄榄油…适量
柠檬、颗粒芥末酱…适量

| 做法 |
1 剥除黑虎虾的壳，去除虾线。
2 将猪里脊肉切块，3 厘米见方，撒
上蒜泥、盐和胡椒。
3 将绿皮密生西葫芦切成 3 厘米长的
小段；甜椒去籽，切成小块。
4 迷迭香留下上部叶，去掉下面的叶
子。将 1、2 和 3 的食材按序插在烤
肉签上，最上面插上迷迭香的枝叶。
5 将橄榄油涂在烤肉架上，中火烤食
材。当肉呈现焦黄时，撒上适量盐和
胡椒。
6 可佐以柠檬和颗粒芥末酱。如果有
条件的话，可添加巴萨米克醋＊。

＊ 巴萨米克醋作为蘸酱使用相当方便。

苹果核桃菊苣奶酪沙拉

| 材料 4 份 |
古冈左拉奶酪…80 克
苹果…1 个
菊苣…8 片
核桃…4 个
EV 橄榄油…2 大匙
盐、胡椒…各少许
柠檬汁…适量
白酒醋…少许
意大利香芹…3 小匙 (切碎)

| 做法 |
1 去除苹果核，带皮削成薄片，再切
成适合入口的大小，为了防止变色，
涂上少许柠檬汁。
2 核桃翻炒后弄碎。
3 在碗中加入 1 和 2，倒入橄榄油、
盐、胡椒、柠檬汁和白酒醋调味。加
入切碎的古冈左拉奶酪和意大利香芹。
4 将菊苣摆在器皿中，放上 3。

烤综合蔬菜

| 材料 4 份 |
蔬菜
| 岛胡萝卜…1 根
| Hitomi 胡萝卜…1 根
| 洋葱…1 个
| 苤蓝…1 个
| 甜菜…1 个
EV 橄榄油…适量
盐…适量

| 做法 |
1 在烤盘上铺上烘焙纸，摆放蔬菜，
淋上橄榄油。烤箱以 220℃预热，烤
30 分钟。
2 烤好后，将洋葱剥皮，切成适合入
口的大小，也将其他蔬菜切开，盛到
盘子里，撒上盐即可。

格里西尼
(2 种口味)

| 材料 20 ~ 30 条 |

高筋面粉（江别制粉 / 春丰合
　舞）…300 克 (100%)

干酵母…6 克 (2%)

砂糖…15 克 (5%)

盐…6 克 (2%)

黄油…15 克 (5%)

帕马森奶酪…30 克 (10%)

水…198 毫升 (66%)

芝麻（用于做芝麻味的格里西尼，
　揉面结束前 5 分钟加到面团
　里）…100 克

| 做法 |

1 揉面…15 分钟。

2 第一次发酵…不用。

3 分割·滚圆…不用分割，仅滚圆。

4 第二次发酵…20 ~ 25 分钟。

5 整形。

6 最后一次发酵…不用。

7 烘焙…180℃，5 ~ 8 分钟。

| 重点 |

●揉好的面团温度为 27℃。

用双手将滚圆的面团轻轻压平后，
用擀面杖将其延展成 20 厘米 ×30
厘米的长方形，每隔 1 厘米做一个
记号，用比萨刀切成 1 厘米 ×20
厘米的长条。用双手将切好的长条
来回滚，延展成 35 厘米长。

蓬松佛卡夏

| **材料** 直径 20 厘米的 STAUB 圆形珐琅铸铁锅 |

面粉…300 克 (100%)

   高筋面粉（江别制粉 / 春丰合舞）…150 克（50%）

   特高筋面粉（江别制粉 / 金帆船）…150 克（50%）

砂糖…15 克 (5%)

盐…6 克 (2%)

干酵母…4.8 克 (1.6%)

水…195 毫升 (65%)

配料

EV 橄榄油…最后一次发酵后，2 大匙

岩盐…最后一次发酵后，少许

黑胡椒…最后一次发酵后，少许

迷迭香（新鲜）…适量

| **做法** |

1 揉面…20 分钟。

2 第一次发酵…40 分钟。

3 分割·滚圆…不用分割，仅滚圆。

4 第二次发酵…20 分钟。

5 整形…不用。

6 最后一次发酵…在发酵器皿中发酵，35℃，20 ~ 30 分钟。

7 烘焙…190℃，25 分钟。

| **重点** |

●揉好的面团温度为 27℃。

揉面至第一次发酵参考 P8 ~ 9 的步骤 1 ~ 11，不需分割、滚圆。完成第二次发酵后，将面团用双手滚圆，将气体排出，整成漂亮的圆面团。

在锅中铺上烘焙纸，放入面团，进行最后一次发酵。用手指蘸上面粉，在完成最后一次发酵的面团上用手指戳出孔洞，倒入橄榄油，撒上岩盐、黑胡椒和迷迭香。

蔬菜面包

| 材料　长形吐司模具　1 份 |

面粉…200 克 (100%)

　高筋面粉（江别制粉 / 春丰合舞）…
　　60 克 (30%)

　特高筋面粉（江别制粉 / 金帆船）…
　　140 克（70%）

干酵母…4 克 (2%)

砂糖…16 克 (8%)

盐…3 克 (1.5%)

水…120 毫升 (60%)

黄油…20 克 (10%)

蔬菜丁…100 克

帕马森奶酪…适量

| 做法 |

1 揉面…20 分钟。

2 第一次发酵…40 分钟。

3 分割·滚圆…不用分割，仅滚圆。

4 第二次发酵…15 分钟。

5 整形…瑞士卷状。

6 最后一次发酵…发酵器皿中发酵，
35℃，25 分钟。

7 烘焙…190℃，20 分钟。

| 重点 |

●馅料使用洋葱、胡萝卜、甜椒等蔬
菜丁制作而成。

●揉好的面团温度为 27℃。

1 揉面到第二次发酵的过程请参照
P8 ~ 9(不分割)。第二次发酵后将
面团放到揉面垫上。

2 用双手下压面团，轻轻将气体排出。

3 从面团中央向后擀，擀到距离边缘 3
厘米处停止。

4 用擀面杖向边缘擀出正方形的 2 个角。

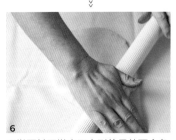

5 从面团中央向前擀，擀到距离上端
3 厘米处停止。

6 用擀面杖再擀出正方形的另外两个角。

7 将面团延展成 20 厘米 ×20 厘米的
正方形面团。

8 在 7 的面团上，撒上蔬菜丁，面团
上下预留 3 厘米收口。

9

从后向前卷面团。

10

卷的时候尽可能使面团厚度均匀。

11

卷完后用手轻轻地拉出两个角。

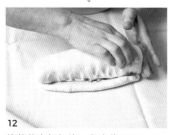

12

将蔬菜全部包住，留出收口。

14

将面团的长度整成模具的长度，放入喷好油的模具中。

16

撒上帕马森奶酪烘焙，烤完后冷却，切开表面，用蔬菜装饰。准备多种可以生吃的蔬菜和香草，多在色彩上下功夫，让面包看起来多彩又立体。

13

将收口朝上，紧紧捏实。

15

放在模具中进行最后一次发酵，发酵完成后烘焙。

Midsummer

用优雅的法式风格装点越式料理

梅雨将尽的盛夏时节，我准备了以越式料理为主的菜肴。

桌布是鲑鱼粉配上墨蓝色的爪哇印花布，十分好看，

这个桌布有种梦幻古董的感觉，看一眼就会爱上。

餐具尽量选择清爽的，我使用了清爽的蓝色玻璃餐盘，配上深浅变化的蓝色浅瓷盘。

越南曾是法国的殖民地，有独特的面包文化，我除了重现越式三明治外，还准备了辣卷饼、生春卷等。

这桌饭菜很有异国情调，非常消暑。

左页 / 将越式三明治放在带网罩的竹编篮里，展现出复古法式风情。

上 / 新潟的蓝色透明玻璃餐盘在中西餐中都可以使用。因为我想要表现出通透感，所以在底下垫了浅瓷盘，中间夹着梳状的叶子。筷子的材质乍看是玻璃，其实是亚克力。

French Influences on Vietnamese Taste

辣卷饼

　　添有姜和辣椒粉的墨西哥饼皮颜色较深，味道劲辣。馅料含有马铃薯泥、炒牛绞肉、紫苜蓿、紫甘蓝等，用防油纸将饼皮和馅料包起来，卷成糖果状，切段。就像左侧图片所示，辣卷饼的断面色彩缤纷，非常适合派对。我选择了时尚的防油纸，将食材用薄薄的墨西哥薄饼包住，就像是亚洲版三明治。辣卷饼作为自助餐餐点或礼品，很受客人喜爱。

做法见 P54

越式三明治

　　越式三明治是用迷你法国面包夹着馅料。这种面包与皮很硬的法式面包不同，它的外皮更脆，口感更轻盈。通常越式三明治馅料会有猪肝酱、肉酱等，而我使用的是炸白肉鱼和醋拌沙拉，还加入了大量香菜。

做法见 P52

Menu

越式三明治
软法面包、炸白肉鱼、越式醋拌沙拉

辣卷饼

越式鲜虾猪肉沙拉

生春卷

柠檬草蒸蛤蜊

炸鱼饼佐小黄瓜

越式凤梨冰沙

充满越南风味的沙拉，沙拉酱又甜又辣，香菜是点睛之笔，还充满了越南鱼露的香气。

制作生春卷最重要的就是通透感，搭配舒展的小葱也是关键，这是越南的一个学员教我的地道做法。

盛夏的室内装饰品要清爽。架子上的玻璃花器都是蓝色的，里面插着银色的花绳。

左上／将蛤蜊和柠檬草一起蒸熟，散发出清爽的味道。酱料碟装有青柠和胡椒盐，玻璃碗中则是鱼露酱，让客人自行选择喜欢的蘸料。

左下／越式三明治配上炸鱼饼佐小黄瓜。用带网罩的竹编篮取代一个个的小碟子，营造出亚洲风的氛围感。

右下／水果冰沙是越南夜市的特有小吃。我准备了口感绵密的凤梨冰沙当作饭后甜点，炼乳与牛奶的调配比例是关键。

越式鲜虾猪肉沙拉

生春卷

柠檬草蒸蛤蜊

| **材料** 4 份 |
虾…12 只
猪腿肉…130 克
小黄瓜…1 条
胡萝卜…1/4 条
砂糖、醋…各 1 大匙
紫洋葱…1/4 个
旱芹…1/2 根
沙拉酱
　砂糖…1/8 杯
　大蒜…1 瓣
　辣椒…1 条
　越南鱼露、柠檬汁…各 25 毫升

| **做法** |
1 水煮整块猪腿肉，变色后熄火，连同汤汁一起冷却，冷却后切薄片。
2 去虾壳，将虾煮熟。
3 将小黄瓜对半切，去籽，切丝。胡萝卜切丝，在碗中加入砂糖、醋，凉拌。
4 将紫洋葱、旱芹切丝，浸在水中。
5 将做沙拉酱的材料放到碗中仔细搅拌。
6 将 1 ~ 4 加到 5 中混合，按照喜好加入花生碎、香菜（分量外）。

| **材料** 4 份 |
虾…6 只
小葱…4 根
冬粉…25 克（泡开）
生菜叶…8 片
米纸…4 张

| **做法** |
1 将米纸用水稍微蘸湿。
2 将虾去壳，煮熟，对半横切。
3 在 1 上面依序放上生菜叶、冬粉、虾，卷起来。
4 在 3 要卷好之际，在米纸的缝隙中夹一条小葱，让葱露出"尾巴"。

| **材料** 4 份 |
蛤蜊（带壳）…500 克
干柠檬草…4 根（10 厘米长）
辣椒…1 根
蘸酱 A
　盐…适量
　胡椒…适量
　青柠…1 个
蘸酱 B
　辣椒…少许
　生姜（拇指大小）…1 块
　砂糖…1 大匙
　越南鱼露…1 大匙
　柠檬汁…少许

| **做法** |
1 将蛤蜊泡在盐水（分量外）中吐沙（5 小时）。
2 将蘸酱 A 的盐炒好后，与胡椒、切好的柠檬放在一个碟子里。
3 用刀切碎蘸酱 B 的辣椒与生姜，放到碗中，与砂糖混合，加入剩余的材料，混合后放到碟子里。
4 将干柠檬草放到锅里，再放入蛤蜊，盖上锅盖，用中火转大火加热（利用蛤蜊自身的水分不额外加水）。
5 蛤蜊煮熟后盛到器皿中，并摆上蘸料。

炸鱼饼佐小黄瓜

越式凤梨冰沙

| 材料 4份 |

大头鳕…250 克

日本酒…1 大匙

盐…1/2 小匙

猪背油…30 克

A
生姜…1 块（拇指大小）（切碎）
大蒜…1 瓣（切碎）
干柠檬草…1 根（10 厘米长）
香菜…1 棵（切碎）
小葱…3 条（切碎）
四季豆…5 根（切段）
箭叶橙的叶子…2 片（用手撕碎）

B
红咖喱肉酱（市售）…2 小匙
椰奶…2 小匙
越南鱼露…1 小匙
砂糖、太白粉…各 1/2 大匙

拌小黄瓜

米醋…70 毫升

越南鱼露…1 大匙

砂糖…1.5 大匙

水…45 毫升

芝麻油、生姜…各少许

小黄瓜…1 根

洋葱…1/2 个

辣椒…1 根

花生碎…2 大匙

| 材料 4份 |

凤梨…1/2 个

炼乳…30 毫升

牛奶…200 毫升

冰…1 杯

| 做法 |

将所有材料放入果汁机打成泥，装杯即可。

| 做法 |

1 在大头鳕上撒上日本酒，放置 5 分钟后加入盐、猪背油一起放入食物料理机，打成肉末状。

2 在 1 中加入材料 A 和 B，混合搅拌后，放入冰箱冷藏（30 分钟以上）。

3 把 2 弄成一口可食的大小，油炸（油为分量外），170℃炸 2 遍。

4 将拌小黄瓜的材料混合，当作 3 的佐菜。

越式三明治

| 材料 6份 |

中高筋面粉（梅森凯瑟传统
型）…500克 (100%)
洗双糖…10克 (2%)
盐…10克 (2%)
星野天然酵母…30克 (6%)
干酵母…4克 (0.8%)
水…270毫升 (54%)

| 做法 |

1 揉面…5分钟。
2 第一次发酵…23℃2小时，
之后放冰箱冷藏5小时。
3 分割·滚圆…120克，6
等份。
4 第二次发酵…30分钟。
5 整形。
6 最后一次发酵…室温
(24～27℃)30～40分钟。
7 烘焙…210℃,14分钟(蒸
汽烘焙)。

| 重点 |

●揉好的面团温度为24℃。

5 将面团擀成椭圆形。

6 整成15厘米×10厘米的
椭圆形。

7 15厘米当作横边，从下方
将面团卷2厘米。

1 揉面到第二次发酵的过程
请参照P8～9(分割为6
等份，每份120克)

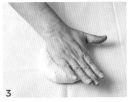

3 下压面团表面，用双手轻
轻将气体排出。

8 卷面团时保持厚度均匀。

2 第二次发酵后将面团放到
揉面垫上整形。

4 用擀面杖延展面团，使用
天然酵母时，最好使用木
制的擀面杖。

9 将收口朝上，紧紧捏实。

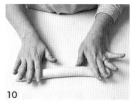

10
用双手左右来回滚动面团，延展至长 23 厘米。

11
用手指抓住面团一端。

12
将其向内收，形成三角收口。

13
将 12 的收口藏到面团里面。

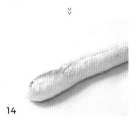

14
将 13 的上部整圆，收紧。

15
将发酵布摆成波浪状，将 14 的面团收口朝下放置。

16
开始室温发酵，30 ~ 40 分钟。

17
发酵完成后，将面团放到铺了烘焙纸的面板上。

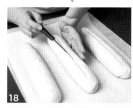

18
在面团上撒上面粉，用割纹刀从前至后划出一条纹路。

19
放入烤箱蒸汽烘焙，完成后将软法面包切开，塞入炸鱼、越式醋拌沙拉，撒上香菜，淋上适量的甜辣酱。

炸鱼

| 材料 |

白肉鱼…半条
盐、胡椒…适量
面粉…适量

面衣

　面粉…8 大匙
　烘焙粉…1/2 小匙
　盐…1/2 小匙
　鸡蛋…1 颗
　啤酒…80 毫升
油炸专用油…适量

| 做法 |

1 将白肉鱼切成适当的大小，涂上盐、胡椒和面粉。
2 在碗中将面衣的材料混合，裹在 1 上，用 170℃的油炸（慢慢放下去炸是酥脆的秘诀）。

越式醋拌沙拉

| 材料 |

白萝卜…10 厘米
胡萝卜…10 厘米
旱芹…1 根（10 厘米长）
盐…少许
越南鱼露…4 小匙
A　砂糖…4 小匙
　柠檬汁…适量

| 做法 |

将白萝卜和胡萝卜削皮，切丝。去旱芹的筋，并将其斜切成细丝。放上盐，放置 10 分钟，沥干后与 A 混合。

辣卷饼

| 材料 5 份 |

马铃薯（大个）…1 个
牛绞肉…200 克
大蒜…1 瓣（切碎）
生姜…拇指大（切碎）
咖喱粉…2 大匙
汤块…1/2 块
EV 橄榄油 1/2 大匙

饼皮

低筋面粉…60 克
砂糖…1/2 大匙
盐…少许
鸡蛋…1 颗
牛奶…200 ~ 220 毫升
奶油…25 克

姜黄、红辣椒粉…各 1 小匙
紫苜蓿（也可用青花菜芽替代）…1 包
紫甘蓝…6 片（切丝）
小葱（细的部分）…适量（切成长 10 厘米的细丝）

| 做法 |

1 马铃薯蒸 15 ~ 20 分钟，去皮，用叉子弄碎，平铺冷却。

2 平底锅加热 EV 橄榄油，炒大蒜和生姜，爆香后放入牛绞肉翻炒，加入敲碎的汤块和咖喱粉调味，关火，稍冷却。

3 制作饼皮。在碗中加入低筋面粉、砂糖和盐，加入打好的鸡蛋混合，再加入 1/3 的牛奶混合 (a)。将剩下的牛奶分 2 次倒入，加入奶油，在 2 大匙的面糊里加入姜黄和红辣椒粉 (b)，然后混匀，最好使用滤网过滤 (c)。

4 将 3 的面糊倒入平底不粘锅中，薄薄一层煎好后放到烹饪纸上，静置 (d)。

5 在 4 上面放上 1、2 和紫苜蓿、紫甘蓝、小葱，卷起来 (e、f)，用防油纸包住，两端防油纸像包糖果般拧紧，用刀对半切。

调味料介绍

酱料

从左边数前排第二小瓶是 La Chambre Aux Confitures 制造的菜蓟果酱，其他则是由 Mille et Une Huiles 制造。左起为 EV 橄榄油、柠檬味橄榄油、青酱、葡萄香醋、红辣椒醋。这些都是可以直接当作酱料使用的调味料。

蜂蜜、果酱

蜂蜜和果酱是面包的好伙伴，所以要选择品质好的。左后是四万骑农场制造的栗子酱（朗姆酒风味），这个农场以制造优质栗子酱而闻名，旁边是 Mille et Une Huiles 制造的地中海花蜜，右边两罐是 La Chambre Aux Confitures 制造的杏桃＆姜饼果酱、柑橘果酱。

日式调味料

各个地方的调味料是味觉的宝库。每当我从朋友和前辈那里得到新的调味料信息，就会满心欢喜地订购各地的调味料。左起为鹿儿岛的福山黑醋、福井和屋醋店制造的壶之醋，最右边为京都齐藤醋店的玉姬醋，这些醋可以用在不同的料理中。至于从右数来第二瓶为福井制造的柚子味噌酱，非常适合用于沙拉酱的提味和作蘸酱。

酸黄瓜、橄榄、香草

酸黄瓜以及橄榄都是轻食或三明治经常使用的佐料，所以我会去附近的外国食品超市购买，如果味道好就会在家中常备。

香草无论是做面包还是甜点都会经常用到，我喜欢 Taylor & Colledge 制造的有机香草豆系列，磨成泥状的研磨系列也很推荐。

在日式午餐会中
感受季节变化

当我回过神，太阳已经越来越早西沉了。日本人对于招待客人的宴会审美是基于季节变化的。有时用西式面包与日式风格结合也是一件快乐的事，像是和果子般的栗子面包。秋季苹果开始收获，也让人想做苹果挞面包。我想为重要的人献上能够感受到丰收季的原创面包。我在方盘上放着福字的筷子架，配上彩绘的盘子，宴会整体上采用了我喜欢的和风餐具来招待客人。

Autumn

芥末色的桌布搭配方盘，将树枝放在桌子中间，再放上苹果挞面包。

Appreciate the Changing Seasons in a Wa-Style Luncheon

苹果挞面包

　　一看名字就知道，这是一款灵感来自法式苹果挞的创意面包。用红苹果做的话颜色很美，而且吃起来酸甜可口。面团使用的是布里欧修面团。如果能把焦糖酱做好，制作这款面包也不是什么难事。切片后摆放起来就像磅蛋糕一样。再把红苹果和树枝放在木质和风托盘上作装饰。

做法见 P65

栗子面包

　　我将从四万骑农场买到的栗子和我做好的栗子面包一同放进木质方盒中，到底哪个才是真的栗子成为餐桌上的话题。这款面包加入了栗子粉，使用糖渍栗子当作馅儿。将面团延展整形后，放入栗子形状的模具中烘焙。

做法见 P64

盛放鸡肉佐小葱酱拼三色卷的彩绘盘子是由中尾万作所作。右后方是甜柿菊花芝麻沙拉，配上菊花，更有秋天的味道。左边玻璃器皿盛放的是海胆山药佐黄瓜醋冻。

Menu

栗子面包
苹果挞面包
海胆山药佐黄瓜醋冻
甜柿菊花芝麻沙拉
鸡肉佐小葱酱拼三色卷
南瓜布丁

苦楝的果实。餐桌上的花并不仅限于新鲜的花材，也可用干花。

我准备了台湾的冻顶乌龙茶，是一种香气清新、口感甘醇的白茶，无论是配甜面包还是和食都很搭。

每到秋天我一定会做南瓜布丁，南瓜泥与焦糖酱搭配起来，简直是人间美味。

海胆山药
佐黄瓜醋冻

| 材料 4 份 |
海胆…40 克
山药…10 厘米
　　高汤…350 毫升
A　薄口酱油…50 毫升
　　味淋…50 毫升
柴鱼片…适量
吉利丁粉…7 克
小黄瓜醋
　小黄瓜…1 条
　醋…50 毫升
　柴鱼高汤…100 毫升
　砂糖…5 克
　盐…3 克
食用菊花 (黄色)…少许

| 做法 |
1 用菜刀将山药切条，用水洗净其黏液，放在烹饪纸
上晾干，轻撒上盐。
2 将 A 混合，沸腾后加入柴鱼片，再次沸腾后关火，
过滤。加入溶解的吉利丁粉，用匙子搅拌在冰箱中冷
藏凝固。
3 将黄瓜醋的材料全部放到果汁机里打碎，再急速
冷却。
4 在沸腾的水里加入适量醋 (分量外)，将菊花煮过
后放到滤筛上，冲冷水，去除水分后轻轻拧干。
5 在器皿中依序放进 2、1、黄瓜醋，再铺上海胆，
摆上 4 的食用菊花。

甜柿菊花芝麻沙拉

| 材料 4 份 |
柿子…1 个
油炸豆腐…1 片
　　白芝麻酱…4 大匙
　　白味噌…1 小匙
A　砂糖…1 大匙
　　盐…1/3 小匙
　　酱油…1 小匙
食用菊花 (紫色)…适量
醋…1 大匙 (兑 600 毫升的水)

| 做法 |
1 去柿子皮，切成小片。
2 在沸腾的水里加入醋，将菊花煮过后放到滤筛上，
冲冷水去除水分后轻轻拧干。
3 将油炸豆腐的外皮撕下，切丝，用汤匙将内部的豆
腐取出。
4 将 3 内部的豆腐放到捣蒜器中，加入 A 仔细搅拌，
再加入柿子、油炸豆腐的皮混合。

鸡肉佐小葱酱拼三色卷

鸡肉佐小葱酱

| 材料 4 份 |
鸡胸肉…1 片
砂糖…1 大匙

A
酒…3 大匙
水…50 毫升
盐…适量
生姜（拇指大）…1 块（切片）
大葱（青色部分）…适量

B
珠葱…适量（切碎）
芝麻油…1 大匙
黑醋…1 大匙
酱油…1 大匙
小葱…适量

| 做法 |
1 将鸡胸肉解冻，随个人喜好去皮，切开，厚度要均等，仔细将砂糖揉进肉中，放置 10 ~ 15 分钟。
2 在平底锅中加入 1，再倒入 A，开中火。沸腾后翻面，转小火，盖上锅盖煮 8 分钟。关火，稍微放凉，切成薄片。
3 将 B 混合制作酱汁，淋在 2 上。根据个人喜好撒上小葱。

三色卷

| 材料 4 份 |
菠菜…2 把
鸡蛋…3 颗
盐…少许
砂糖…1 大匙
油豆皮（含盐）…1 片
蟹棒…4 条
海苔…适量

| 做法 |
1 将菠菜烫过后，沥干。
2 做玉子烧。在碗中加入鸡蛋，仔细搅拌后，加入盐、砂糖，倒入玉子烧锅中，直切成长条状。
3 在竹帘上铺上保鲜膜，再铺上一层薄薄的菠菜，放上切开的油豆皮，放入玉子烧和蟹棒，卷起来。
4 在用餐前去除 3 的保鲜膜，用海苔包上，再佐以柚子醋（分量外）。

南瓜布丁

| 材料 4 份 |
焦糖酱
砂糖…100 克
热水…15 毫升
水…15 毫升
布丁
南瓜…300 克（果肉）
鸡蛋…4 个
细砂糖…110 克
和三盆…30 克
牛奶…150 毫升
生奶油…150 毫升

| 做法 |
1 制作焦糖酱。在锅中加入砂糖和水，画圆搅拌，开中强火，静置一会，等到从锅缘开始变色时再画圆搅拌，直到出现好看的焦糖色时关火，加入热水。
2 蒸南瓜，然后将蒸熟的南瓜放入食物料理机中，打成泥。
3 在碗中加入鸡蛋、细砂糖及和三盆，仔细搅拌，加入牛奶、生奶油混合。
4 将 3 慢慢地倒入南瓜泥中混合。
5 将 1 倒入模型中，等到凝固后加入 4。在烤盘上铺上湿布，用 150℃的烤箱烤 60 分钟。

栗子面包

| 材料　8 份 |

中高筋面粉（梅森凯瑟传统型）…
　160 克 (100%)
洗双糖…10 克 (6.2%)
盐…2.5 克 (1.5%)
星野天然酵母…12 克 (7.5%) 水…
　105 毫升 (65%)
栗子粉 (FARINADICASTAGNE)…
　40 克 (25%)
糖渍栗子…适量
芝麻…适量

| 做法 |

1 揉面…10 分钟。
2 第一次发酵…25℃，7 小时。
3 分割、滚圆…40 克，8 等份。
4 第二次发酵…30 分钟。
5 整形。
6 最后一次发酵…发酵器皿 33℃，
60 分钟。
7 烘焙…250℃，6 分钟，210℃，
5 分钟；烤箱先以 250℃预热，形
成蒸汽。

| 重点 |

● 揉好的面团温度为 24℃。

7
将面团放进喷了油的模型
中，最后一次发酵为 33℃、
60 分钟。

第二次发酵结束后，将面
团置于揉面垫上。

在中心放上糖渍栗子。

5
整成等腰三角形，将收口
仔细捏紧。

8
最后一次发酵完成后，在栗子
形状的面团上，从距离下半部
分 2 厘米处用毛刷涂上水。

用木制擀面杖擀成直径 8
厘米的圆形。

4
将面团从中间对折 (折成等
腰三角形)。

6
将栗子形状的下半部分整
成弧形，大小与模型接近。

9
将芝麻固定在刷了水的部分。

苹果挞面包

| 材料 长条吐司模具 1 份 |

面粉…180 克 (100%)

　高筋面粉…90 克 (50%)

　黄金游艇牌高筋面粉…90 克（50%）

干酵母…3.6 克 (2%)

砂糖…27 克 (15%)

盐…2.7 克 (1.5%)

无盐黄油…36 克 (20%)

水…72 毫升 (40%)

鸡蛋（全蛋）…36 克 (20%)

苹果…2 个

焦糖酱

　细砂糖…70 克

　无盐黄油…60 克

| 做法 |

1 揉面…20 分钟。

2 第一次发酵…40 分钟。

3 分割·滚圆…不用分割，仅滚圆。

4 第二次发酵…15 分钟。

5 整形。

6 最后一次发酵…发酵器皿 35℃，20 分钟。

7 烘焙…190℃，25 分钟。

| 重点 |

● 揉好的面团温度为 27 ~ 28℃。

1

用苹果分割器将苹果切成 8 等份，焦糖化处理后，皮朝下放入模具中冷却。

⌄

2

揉面到第二次发酵的过程请参照 P12 ~ 13。第二次发酵结束后，将面团置于揉面垫上。

3

将面团翻面，用手掌轻压排气。

⌄

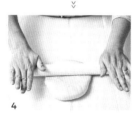

4

用擀面杖延展面团。使用干酵母时，塑胶制的擀面杖更容易排气。

⌄

5

从面团中心往后擀，再从中心往前擀排气。延展成 20 厘米 ×15 厘米的长方形。

6

用尺子量一下面团的大小是否达到要求。

⌄

7

从面团下方的边开始折 3 厘米宽，一边整理面团一边卷。

8

将收口朝上，仔细捏紧。

⌄

9

将收口朝下，整成模具的大小。

⌄

10

将面团放进喷好油的模具里。

充满酒香的面包派对

这次使用的桌布是水墨色, 能更加突显无花果沙拉及牛油果幕斯等料理。

主角是红酒, 搭配了烤面包和奶酪。

制作法棍面包对初学者来说有些困难, 推荐用高水量面团制作的乡村面包。

我用自家制的面包制作开面三明治, 佐以布利干奶酪、马斯卡彭奶酪和奶油奶酪等。

今天我准备了修道士奶酪,

客人们享用着旋转削下来的如同花瓣的奶酪, 醉心于美食中。

Wine and Bread for a Harvest Festival

Late
Autumn

我准备了 4 种开面三明治代替前菜。

用高水量面团制作的面包会产生大孔洞，所以制作开面三明治时要注意配料的水分及湿气。涂上奶油奶酪保护面包，或是仔细擦干菜叶的水分就不用担心。

用发酵篮制作
乡村面包

发酵篮是用来发酵面包的藤制篮子，内侧贴有麻布的发酵篮较适合帮助面包发酵或整形，可让多余的水分蒸发。

做法见 P15～16

高水量
乡村面包

由于高水量面团水分非常多，十分黏手，很难成形。可使用圆形 STAUB 珐琅铸铁锅当作模具。在第一次发酵结束后，将面团放入锅中就可以直接进行最后一次发酵，不需要第二次发酵或整形，请务必挑战看看。

做法见 p17

Menu

乡村面包开面三明治（4 种口味）

无花果布里奶酪

栗子马斯卡彭奶酪

沙丁鱼橄榄酱

烟熏鲑鱼奶油奶酪

无花果生火腿沙拉

紫甘蓝牛油果慕斯

和风煎牛肉

修道士奶酪

巧克力法棍面包佐蜂蜜

左上 / 无花果生火腿沙拉。无花果用红酒及辛香料煮过，再淋上煮过的酱汁十分美味。

左下 / 用玻璃杯装牛油果慕斯当作前菜，再装点上紫甘蓝和黑橄榄，这种拼盘让人印象深刻。

右下 / 巧克力法棍面包。在面团中加入调温巧克力，延展面团两端并拧紧，造型非常有特色。

将修道士奶酪放在名为奶酪刨花刀的器具上面，旋转把手就能将奶酪削成如同花瓣一样。放在前面盘子里的是橄榄、可可豆碎粒和带蒂的葡萄干。

与法国接壤的瑞士侏罗州所产的修道士奶酪（Tête de Moine）口感浓厚细腻。将奶酪放在巧克力法棍面包上面，再撒上可可豆碎粒，并按照喜好淋上蜂蜜。

大受好评的和风煎牛肉是使用类似寿喜烧的酱汁制作而成的，这道主菜在招待客人的前一天就能准备好，十分方便。

无花果
生火腿沙拉

| 材料　4 份 |

无花果…3 个

A
丁香…2 粒
黑胡椒（球状）…2 粒

红酒…50 毫升

B
巴萨米克醋…1/2 小匙
橄榄油…1/2 小匙

芝麻菜…20 片

生火腿…8 片

| 做法 |

1 将 2 个无花果切成 8 瓣。

2 将 A 用菜刀敲碎后放入茶包，在锅中倒入红酒后加入茶包，用小火熬煮。

3 煮到黏稠时，加入 B 与无花果，用小火煮到无花果稍微变软后，盛到方盘上，并将汤汁盛出。

4 将剩下的 1 个无花果切成 12 瓣，将芝麻菜、生火腿、煮好的无花果与生无花果盛放到盘子上，撒上粗粒黑胡椒（分量外），淋上 3 的汤汁。

紫甘蓝
牛油果慕斯

| 材料　4 份 |

牛油果慕斯

牛油果（全熟）…1 颗

吉利丁片…3 克

A
豆奶…125 毫升
砂糖…2/3 小匙
盐…1 撮

醋泡紫甘蓝

紫甘蓝…1/4(切丝)

盐…少许

B
白巴萨米克醋…4 大匙
法式沙拉酱…2 大匙

| 做法 |

制作牛油果慕斯

1 将牛油果用食物调理机打成泥状。

2 将吉利丁片用水泡发 10 分钟，将 A 以及沥干的吉利丁加入锅中。开小火，混合搅拌直至吉利丁溶解，加入打好的泥状牛油果混合，冷却至室温后倒入容器中，放在冰箱冷藏 3 小时以上。

制作醋泡紫甘蓝。

3 将紫甘蓝撒上盐，静置 5 分钟后拧干，放入碗中，淋上 B。

4 将醋泡紫甘蓝放到凝固的牛油果慕斯上，按照喜好摆上黑橄榄与药用鼠尾草的叶子（分量外）。

和风煎牛肉

| 材料　4 份 |

牛肩肉（块状）…400 ~ 500 克

盐、胡椒…适量

大蒜…1 瓣（切片）

奶油、橄榄油…各 1 大匙

酱料

酱油…100 毫升

味淋…75 毫升

砂糖…50 毫升

水…25 毫升

昆布高汤…1/4 小匙

大葱…1 根（10 厘米长）

西洋菜…1 株

紫菊苣…1 片

| 做法 |

1 将酱料混合后放入锅中，开火，仔细搅拌后稍沸腾，放置冷却。

2 将牛肩肉涂上盐和胡椒。

3 将奶油、橄榄油放入平底锅中加热，放入大蒜片，煎牛肉至焦黄（5 分钟左右）。

4 将 3 的煎牛肉淋上 500 毫升热水（分量外）去油，再沥干。

5 在锅中放入 4 的牛肉与 3 的大蒜，加入酱料与 100 毫升的水（分量外）煮 14 分钟后关火，将锅取下（如果沸腾的话就将火转小，不要盖锅盖）。

6 将煮好的肉放在锅中静置，稍微冷却后，连同肉汁倒入密封袋中，完全冷却后加入葱，放在冰箱冷藏 7 小时以上。

7 将肉切片，添加西洋菜、紫菊苣，也可按照喜好添加山葵。

乡村面包开面三明治（4 种口味）

无花果布里奶酪

| 材料　2 份 |

乡村面包切片…2 片
无花果…1/4 个
布里奶酪…适量
无花果香醋酱…1 小匙
紫菊苣…适量

| 做法 |

在乡村面包切片上放上紫菊苣、无花
果香醋酱，再放上布里奶酪和无花果。

栗子马斯卡彭奶酪

| 材料　2 份 |

乡村面包切片…2 片
马斯卡彭奶酪…适量
带皮糖渍栗子…2 颗

| 做法 |

在乡村面包切片上放上马斯卡彭奶酪
和带皮糖渍栗子。

沙丁鱼橄榄酱

| 材料　2 份 |

乡村面包切片…2 片
油渍沙丁鱼…2 条
紫菊苣…适量
菊苣…2 片
腌渍番茄干…2 个
绿橄榄酱…2 小匙
车窝草…适量

| 做法 |

在乡村面包切片上放上菊苣、紫菊苣，
然后抹上绿橄榄酱，再放上油渍沙丁
鱼和腌渍番茄干，最后放上车窝草。

烟熏鲑鱼奶油奶酪

| 材料　2 份 |

乡村面包切片…2 片
奶油奶酪…3 小匙
烟熏鲑鱼…2 片
红葡萄柚…1 瓣
莳萝…适量
食用菊花 (紫色)…适量

| 做法 |

在乡村面包切片上涂上奶油奶酪，放
上烟熏鲑鱼和红葡萄柚，撒上莳萝和
食用菊花。

Winter

用丰盛的面包庆祝欧式圣诞节

欧洲各地都有与圣诞节相关的烘焙食谱，

我对这方面的知识很感兴趣。

像是意大利的托尼甜面包、英国的圣诞布丁、法国的贝拉维加水果圣诞面包、

德国的史多伦面包等，种类相当丰富。

在我的面包课堂上，也常出现我这几年潜心研究的史多伦面包和奶油蛋糕，

因为非常受欢迎，所以我会每年改变馅料或外观装饰，享受各种变化。

今晚我将餐桌布置成圣诞夜的风格，无论是餐具或桌布都以金色和银色为主，

用水晶调和出高雅的氛围。

左页 / 圣诞餐桌。银丝与钻石花纹的白色桌布，配上白色的浅盘与餐巾更能衬托金色的餐具。
下 / 圣诞节装饰的史多伦面包甜品区，有配有香料的热红酒。

Holiday with Traditional Christmas Breads

金山奶酪
红酒法棍面包

据说法国的金山奶酪，制造时间限定在 8 月 15 日至翌年 3 月 15 日。这个金山奶酪是久田早苗小姐的店里送来的，她拥有法国奶酪熟成师的最高称号。此时正是吃金山奶酪最好的时节，我将奶酪放在红酒法棍面包上，撒在上面的结晶是用红酒染过色的香草盐。

白巧克力奶油蛋糕

说到奶油蛋糕，就会想到玛丽·安东尼喜爱的维也纳甜点，不过这里介绍的是用干酵母制作的奶油蛋糕，事实上这个面包食谱即使是初学者也很容易上手。在面团中加入和圣诞节很搭的白巧克力和综合水果干，完成之后也用白巧克力当作装饰，另一个方法则是撒上糖粉让面包变成纯白色。

做法见 p82

史多伦面包

在圣诞节期间制作史多伦面包的烘焙坊在近几年不断涌现，为何不试着自己动手做一次呢？以布里欧修面团当作基底，使用天然酵母，再加上用朗姆酒腌渍过的综合水果干、肉桂与肉豆蔻等辛香料，做出的面包香气浓郁。馅料包裹着糖渍栗子，这种轻奢口味请搭配香料茶享用。

做法见 p84

Menu

白巧克力奶油蛋糕
史多伦面包
金山奶酪红酒法棍面包
法式蔬菜冻
串烤海鲜佐双色酱
红酒炖牛肉佐土豆泥
烤苹果

湖蓝色的餐盘，十分适合法式蔬菜冻。旁
边有一排双色圆点，是用绘制笔画在盘子
上的酱料。

将海鲜烤串放进高脚玻璃杯中，这种搭配
很新鲜，我还将不同蘸酱盛入了利口杯中。

甜点准备了热腾腾的烤苹果。添加水果麦片就能很快完成，是冬天必做的甜点之一。

红酒炖牛肉佐土豆泥虽然有点花时间，但这种经典组合真的相当美味，如果在特别的日子里被家人要求做这道菜，我会特别高兴。

法式蔬菜冻

| **材料** 4 份（23 厘米 ×10 厘米的长方形模型 1 个）|
摩洛哥四季豆（去筋）…10 根
小胡萝卜…6 根
花椰菜（按每房分开）…1/2
玉米笋…5 根
绿皮密生西葫芦…1 条
吉利丁片…9 克
番茄汁 *…250 克
A 　法式清汤（粉末）…少许
　　生姜（薄切）…2 片
罗勒酱 **…1 小匙
EV 橄榄油…1 大匙
葡萄香醋 **…适量

* 使用市售的水晶番茄汁。
** 由 Mille et Une Huiles 公司出品。

| **做法** |
1 分别用 5% 的盐水烫摩洛哥四季豆和小胡萝卜，再用冷水锁住色泽，将水分沥干，放置 1 小时冷却。
2 分别用 5% 的盐水烫花椰菜和玉米笋，和汤汁一起放凉。
3 将绿皮密生西葫芦切成长薄片。
4 将吉利丁片放在水里泡 10 分钟。用锅加热 A，放入吉利丁溶解，过滤后稍放凉。
5 在模型中铺上保鲜膜，然后四周围上绿皮密生西葫芦片，不要留有空隙，让绿皮密生西葫芦片比模型高出一点，接下来放入摩洛哥四季豆，将 4 倒至模型 1/3 处，再放入花椰菜、玉米笋和小胡萝卜，放入剩余的摩洛哥四季豆，再倒入 4，将绿皮密生西葫芦高出的部分向下压。
6 将 5 放在冰箱冷藏一晚，再盛到盘子上，将罗勒酱混合EV 橄榄油的蘸酱与葡萄香醋交替点在盘缘。

串烤海鲜佐双色酱

| **材料** 4 份 |
生鲑鱼…150 克
盐…1/2 小匙
细砂糖…1/4 小匙
莳萝…适量
扇贝…4 个
黑虎虾（去皮及虾线）…8 只
白葡萄酒…少许
盐、胡椒、EV 橄榄油…各适量

香料鸡尾酒酱

红胡椒醋 *…2 大匙
番茄酱…1 大匙
美乃滋…2 大匙

香草美乃滋酱

酸奶油…25 克
美乃滋…70 克
柠檬…1/4 个（挤汁）
珠葱…1 小匙
莳萝…适量
大蒜…少许
胡椒…少许
* 由 Mille et Une Huiles 公司出品。

| **做法** |
1 在生鲑鱼上撒上盐和细砂糖，放上莳萝，静置 10 分钟，擦干，涂上 EV 橄榄油。放到烤箱上烤，出现焦色后远离火源，冷却后切成 3 厘米的方片。
2 在扇贝上撒上盐、胡椒，静置 10 分钟，擦干水分，涂上 EV 橄榄油，放到烤架上烤，出现焦色后从烤架上取下。
3 在虾上撒上白葡萄酒，静置 10 分钟，擦干水分，抹上盐、胡椒、EV 橄榄油，放在烤架上烤，烤好后从火上拿下来。
4 两种蘸酱材料分别混合拌匀。把烤好的海鲜盛在鸡尾酒杯中，将两种蘸酱分别盛入利口杯中。

红酒炖牛肉佐土豆泥

| 材料 4 份 |

牛肩肉（块状）…500 克
盐、胡椒、面粉…各适量
EV 橄榄油…4 大匙
波特酒…180 毫升
红酒…400 毫升
车窝草…2 大匙（切丁）
大蒜…2 个（稍微拍碎）

香料蔬菜

洋葱…1 个
胡萝卜…1/2 根
旱芹…1 根
番茄罐头（整个）…400 毫升
高汤…200 毫升
黑胡椒…适量

马铃薯泥

马铃薯…2 个
牛奶…80 毫升
黄油…15 克
盐、胡椒…各少许

| 做法 |

1 将牛肩肉切块，5 ~ 6 厘米见方。撒上盐和胡椒，裹上面粉，在热锅中放入 2 大勺橄榄油，将表面煎至焦黄。

2 在烤好的肉上撒上波特酒，加大火，让酒精散掉，稍微煮一下。倒入红酒，加入旱芹用小火煮。

3 锅中倒入 2 大勺 EV 橄榄油和大蒜，用小火炒出香味，然后加入切成丝的香料蔬菜翻炒，不要炒糊。

4 香料蔬菜变软后，把 2 的汁加入。

5 将番茄罐头连汤加入，再加高汤。然后一边撇去浮沫一边用小火炖，直至肉变软，约 2 小时。

6 取出肉，将汤汁过滤后放回锅中加热，加入盐和黑胡椒调味，做成酱汁。

7 制作土豆泥。土豆煮后去皮，放入锅中，用牛奶搅拌成泥，加热，加入黄油，再用盐和胡椒调味。

8 将 5 中的肉与酱汁一起盛入盘中，再配上土豆泥，最后放上细叶香芹（材料外）。可根据个人喜好撒上黑胡椒。

烤苹果

| 材料 4 份 |

苹果（红玉）…2 个
A
水果麦片…3 大匙
枫糖浆…2 大匙
黄油…30 克
肉桂糖粉…1 大匙

| 做法 |

1 将苹果顶部横切当盖子，将余下部分的中心挖空当容器。

2 在碗中加入混合好的材料A，塞进挖空的苹果中，烤箱预热至 180℃，烤 15 分钟。

白巧克力奶油蛋糕

| **材料** 奶油蛋糕模型（直径18厘米）|

面粉…300克（100%）
　高筋面粉（江别制粉/春丰合舞）…
　　120克（40%）
　特高筋面粉（江别制粉/金帆船）…
　　180克（60%）
洗双糖…30克（10%）
干酵母…4.5克（1.5%）
盐…3克（1%）
牛奶…96毫升（32%）
黄油…84克（28%）
白巧克力…60克（20%）
综合水果干…75克（25%）

外观装饰

| 免调温白巧克力…适量
| 糖粉…适量

| 做法 |

1 揉面…20分钟。
2 第一次发酵…50分钟。
3 分割·滚圆…不用分割，仅滚圆。
4 第二次发酵…20分钟。
5 整形。
6 最后一次发酵…发酵器皿，35℃，25分钟。
7 烘焙…190℃，25分钟。

| 重点 |

●白巧克力和综合水果干在揉面结束前5分钟加入。加入面团的巧克力为做甜点专用的调温巧克力，无论是使用块状或片状的调温巧克力，都要切过之后才能加入。
●揉好的面团温度为28℃
●免调温白巧克力不必调温，用热水（45℃）或微波炉熔化后使用。

1
揉面到第二次发酵的过程请参照P12～13。图为第二次发酵完成后的面团。

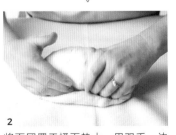

2
将面团置于揉面垫上。用双手一边将气体排出，一边往内拉整。

3
改变2的方向，整成圆形。反复操作8次，将气体排出。

4
图为排出了多余气体、变得紧实的圆形面团。整形好坏会影响到蛋糕的美观与否。

5
将面团的表面朝下，从上方（背面）用蘸了面粉的手指在中间戳一个洞。

⋁

6
将两只手的手指蘸上面粉，拉大中间的洞，洞的直径约3厘米。

⋁

7
将面团放入喷上油的奶油蛋糕模具中。

8
拉开中间的洞，将面团延展成模具的大小。

9
用手指压平面团表面，进行最后一次发酵（35℃，25分钟）。

⋁

10
图为最后一次发酵完成的样子。判断最后一次发酵完成的标准为面团膨胀至模具九分满的位置。

奶油蛋糕的外观装饰

奶油蛋糕的面团可加水果干等，能呈现出各种风味。装饰时也可用糖粉完全覆盖蛋糕，或是将糖粉撒在蛋糕上部，再摆上烤过的糖渍柠檬薄片，让蛋糕看起来清爽诱人。也可以加热免调温白巧克力，从蛋糕上方淋下，再撒上糖粉。

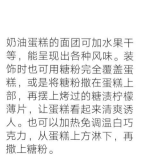

史多伦面包

|材料　4 份|

面粉…500 克 (100%)
　高筋面粉（江别制粉 / 春丰合舞）…
　　350 克（70%）
　特高筋面粉（江别制粉 / 金帆船）…
　　150 克（30%）
星野天然酵母…50 克 (10%)
砂糖…60 克 (12%)
盐…6 克 (1.2%)
黄油…125 克 (25%)
鸡蛋（全蛋）…100 克 (20%)
牛奶…100 毫升 (20%)
水…50 毫升 (10%)
朗姆酒腌渍的综合水果干…200 克
　(40%)
肉桂粉…2.5 小匙
肉豆蔻…少许
糖渍栗子…适量
鸡蛋液…适量

外观装饰

白兰地…100 毫升
融化的奶油…50 克
糖粉…适量

|做法|

1 揉面…20 分钟。
2 第一次发酵…22℃，10 小时。
3 分割·滚圆…300 克，4 等份。
4 第二次发酵…20 分钟。
5 整形。
6 最后一次发酵…发酵器皿，35℃，
30 分钟。
7 烘焙…190℃，18 分钟。

|重点|

●肉桂粉和肉豆蔻在揉面时与面粉一
起加入，朗姆酒腌渍的综合水果干在
揉面结束前 5 分钟加入。
●揉好的面团温度为 29 ~ 30℃。

朗姆酒腌渍的综合水果干在
揉面时就加到面团里，但因
糖渍栗子应出现在切片的中
央，所以在整形时才包进面
团中。右为甜点专用的糖渍
栗子。

1

从揉面到第二次发酵的过程请参照 P12～13。图为第二次发酵完成后的样子。

∨

2

将 1 表面朝下，置于揉面垫上。

∨

3

用双手轻压面团排气。

∨

4

使用擀面杖，依序从面团中央向后擀，再从中央向前擀，延展成 22 厘米 ×15 厘米的椭圆形。

5

在椭圆形的中央长轴用擀面杖压出一条摺线（若面团被擀面杖压过后不会回弹，就表明能烘焙出好看的形状）。

∨

6

在面团一侧靠中线摆上一排糖渍栗子。

∨

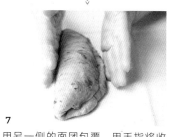

7

用另一侧的面团包覆，用手指将收口压合，收口距离外侧 1.5 厘米。

∨

8

最后一次发酵为 35℃，30 分钟。在最后一次发酵完成的面团上用毛刷涂上鸡蛋液。

9

烘焙完成后，趁温热时用毛刷涂上白兰地，等稍微干了之后，再涂上奶油。面团冷却后，放于撒了糖粉的烘焙盘上。

∨

10

再将面包表面撒满糖粉作装饰。

金山奶酪
的食用方法

金山奶酪已经是众所皆知的
秋冬限定人气奶酪。
盛放奶酪的木盒用的是
欧洲云杉的木材，
在金山奶酪熟成时，
这种木材的香气也会浸染在奶酪上。

1. 直接食用法

我曾向专业人士学习正确食用金山奶
酪的方法，首先去除木盒的上部，再
仔细地切下乳酪的外皮。

1 拿掉金山奶酪的盖子，将木盒上面
的订书针用刀子去除。

2 拿掉木盒上部的木圈，让乳酪外皮
露出木盒表面。

3 用刀子插入奶酪外皮之下，将外皮
切除。

4 小心地将外皮取下，当作盖子。

5 将黏在外皮内侧的乳酪刮下，放回
木盒中。

6 图为切下的外皮与木盒中的奶酪。当
奶酪有剩余时，还需用到外皮作盖子。

7 因为奶酪是从外侧开始熟成，为了让奶酪
变得平滑，用汤匙搅拌。享用时直接将木
盒摆在餐桌上，豪爽地挖出奶酪放在面包
或蔬菜上。在食用金山奶酪之前，至少要
先在室温下放置2～3小时，风味才会更
佳。当奶酪吃剩时，将6的外皮放回去封
起来，盖上木盒的盖子，放入拉链式保鲜
袋中，保存时最好放在冰箱的蔬果室里。

2. 焗烤金山奶酪

　　另一种享用金山奶酪的美味吃法就是"金山奶酪火锅"，如今成为法国的乡土料理，相当受欢迎。在金山奶酪中加入少许大蒜、1小匙白葡萄酒、少许面包粉，连同木盒一起放到烤箱烤，最后佐以面包或熟马铃薯享用。当奶酪剩下不多时，可以加入蔬菜增加分量，至于烤的时间按照剩下的乳酪分量调整。

1　未吃完的金山奶酪。准备白葡萄酒和切好的综合蔬菜。

2　加入一部分蔬菜，在金山奶酪中倒入1小匙白葡萄酒和少许面包粉。

3　一边搅拌浸了白葡萄酒的奶酪，一边加入剩下的蔬菜。

4　在木盒四周包上铝箔纸，放进烤箱，烤7～8分钟。

New Year

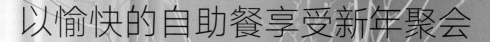

以愉快的自助餐享受新年聚会

这是我和学员一起享用的新年料理。料理以手拿食物为主，比如西班牙小食及开面三明治。

因为玻璃杯里装的是前菜类的冷盘，所以我还追加了烤好就能立即上桌的比萨和松饼。在紫罗兰色的桌布上摆上黑色的石板盘，并用白色树枝制造出艺术氛围。在餐桌的布置中，我最看重的是配色以及餐具高低起伏的节奏感，为了不让餐桌看起来过于单调，我用了十分具有存在感的鸡蛋架和南瓜造型的锅。餐桌布置既优雅又能引发食欲，以此来迎接新年的到来。

Canape Party in Our Baking Studio

甜比萨

　　甜比萨很适合冬天聚
餐，一烤好就能上桌。馅料
是冷冻莓果，有现成的混合
食材十分方便，最后只需要
放上奶油奶酪和切碎的白巧
克力即可，这是一道简单且
美味的料理，比萨饼皮是自
制的。

做法见 P98

绑着黑白条纹蝴蝶结的小方块
吐司 (P8) 是让客人带回家的伴
手礼，放在餐桌上就像美丽的
装饰品。

迷你松饼

　　这道料理像一道开胃小菜，在迷你松饼上放上配料。因为我想将其作为前菜，所以选择了鲑鱼与马斯卡彭奶酪的组合，其他组合还有鲑鱼卵与酸奶油、帆立贝塔塔酱与香草美乃滋等，配料的组合十分多样。

做法见 P96

布利尼薄饼

　　用荞麦粉做成的小圆饼叫做布利尼薄饼。这是来自俄罗斯的料理，但我是用荞麦粉和低筋面粉（6∶4）烘焙而成，搭配用鸡胸肉做成的鸡肉火腿，再淋上香料咖喱酱，这个酱料和螃蟹、虾等都很搭。

做法见 P97

Menu

迷你松饼

鲑鱼·马斯卡彭奶酪

布利尼薄饼

鸡肉火腿·香料咖喱酱

甜比萨

法棍面包开面三明治（2 种口味）

火腿牛油果

酸奶油美乃滋

西班牙小食（2 种口味）

鲑鱼西葫芦

甜柿生火腿·莫札瑞拉奶酪

胡萝卜汤

塔布勒沙拉

蔬菜棒佐甜菜酱

鸡蛋树

左上 / 将法棍面包对半切，在上面放上佐料，就变成了一款开面三明治。使用色彩丰富的配料，插上装饰用小旗子。

左下和右下 / 西班牙小食（Pinchos）上插的自制的小旗子十分吸引目光。即使是这样的小料理，也要注意素材和味道的配合。

上·左／胡萝卜汤。到了冬天根茎类蔬菜的甜度会更高。

上·中／在玻璃制的汤匙中摆上切好的水果，可以直接享用。

上·右／塔布勒沙拉。异国情调的沙拉，具有气泡般的口感。

左／蔬菜棒佐甜菜酱。

右／将隔水加热过的半熟鸡蛋放在像树一样的鸡蛋架上，里面有酥脆的培根，让客人用小汤匙挖着吃，或蘸面包吃也很美味。

下·左／将源自巴黎的红茶（THEODOR）倒入到玻璃杯中，香气怡人。

下·中和右／南瓜造型的锅是 STAUB 的限量款。将奶油蛋糕的切片用包装纸包起来放在锅中。

西班牙小食
（2 种口味）

| 材料　6 份 |

西葫芦鲑鱼

烟熏鲑鱼…4 片
绿皮密生西葫芦…1 条
酸奶油…70 克
奶油奶酪…45 克
黑橄榄…6 颗（去籽）

甜柿生火腿·莫札瑞拉奶酪

日本甜柿…1/2 个
生火腿…6 片
莫札瑞拉奶酪（小球状）…6 颗
绿橄榄…6 颗（去籽）

| 做法 |

西葫芦鲑鱼

1 将绿皮密生西葫芦切成薄长片。
2 将酸奶油和奶油奶酪混合搅拌均匀。
3 在竹帘上铺上保鲜膜，将绿皮密生西葫芦斜着稍重叠排列，涂上 2，将烟熏鲑鱼横摆上去。
4 将竹帘卷起来，放在冰箱冷藏一段时间后再切开。
5 放上黑橄榄，插上装饰牙签。

柿甜生火腿·莫札瑞拉奶酪

1 将柿子切瓣，用生火腿包起来，再放上莫札瑞拉奶酪。
2 放上绿橄榄，插上装饰牙签。

胡萝卜汤

| 材料　6 份 |

胡萝卜…180 克（切段）
鸡汤块…3 克
水…500 毫升
牛奶…100 毫升
生奶油…100 毫升
盐…少许
胡椒…少许

| 做法 |

1 在锅中用水煮胡萝卜。
2 将鸡汤块加入 1，煮到胡萝卜变软后，连同汤汁倒入食物料理机中打碎。
3 倒回锅里，加入牛奶、生奶油，再加入盐、胡椒调味，装盘。

蔬菜棒佐甜菜酱

| 材料　6 份 |

蔬菜

小黄瓜…1 条
小胡萝卜…6 条
欧芹…1 根

甜菜酱

煮过的甜菜…1/4 个
凯萨沙拉酱（市售）…适量

| 做法 |

1 将蔬菜切成易入口的条状。
2 将煮过的甜菜和凯萨沙拉酱以 1：2 的比例放进食物料理机打碎。盛到玻璃杯中，加入 1。

塔布勒沙拉

| 材料　4 份 |

古斯米…125 克

A
蔬菜汁（综合）…150 克
橄榄油…2 大匙
柠檬…1 个（挤汁）
盐…1/2
胡椒…少许
孜然籽…1 大匙

馅料

小黄瓜…1 条
紫洋葱…1/2 个
大蒜…2 瓣
薄荷叶…数片

配料

烤洋葱丝、烤番茄
番茄干、黑橄榄…适量

| 做法 |

1 在碗中加入古斯米和 A 混合，放在冰箱冷藏 2 小时。
2 将馅料全部切碎，加入 1。
3 把配料也全部切碎，将 2 盛到器皿上，将切好的配料放上去。可随喜好添加车窝草或欧芹（分量外）。

鸡蛋树

| 材料 6 份 |
鸡蛋…6 颗
培根…2 片
绿橄榄 (无籽)…6 颗

| 做法 |
1 用开蛋器将鸡蛋上半部打开。
2 去除鸡蛋的蛋白。
3 在大锅中将水煮沸，将 2 的
鸡蛋放入，煮到半熟为止。
4 将煎到酥脆的培根及绿橄榄
切丁放入 3 中。
5 将 4 摆到鸡蛋架上。

用专用的开蛋器打开蛋壳。

将鸡蛋放入沸腾的锅中煮。

将部分蛋白取出，可避免煮
的时候溢出。

法棍面包开面三明治（2 种口味）

| 材料 法棍面包 1 条 |
法棍面包…1 条

火腿牛油果馅料

   牛油果…1 个 (切薄片)
A 嫩叶…适量 (撕开)
   迷你小番茄…适量
   红生菜…适量 (切碎)
B 火腿…适量
   绿生菜…适量 (撕开)

酸奶油美乃滋馅

美乃滋…3 大匙
酸奶油…2 大匙
大蒜…1/2 瓣 (切碎)
盐、胡椒…各少许

| 做法 |
1 将法棍面包对半切。
2 将酸奶油美乃滋的所有材料
混合。
3 将 2 涂在法棍面包上，整齐
地放上馅料。半片面包放 A，
另外半片放 B。

图为制作开面三明治的所有
材料，将长棍面包对半切。

摆上蔬菜叶片，在其上摆放
馅料。

将酸奶油美乃滋馅涂在法棍
面包的切面上。

放馅料的时候保持适当间距，
吃的时候方便切开。

迷你松饼

| 材料 4~6 份 |

低筋面粉…120 克

鸡蛋…1 颗

细砂糖…2 大匙

盐…1/5 小匙

牛奶…100 毫升

松饼粉…1 小匙

奶油…10 克

烟熏鲑鱼、马斯卡彭奶酪、莳萝…各适量

迷你松饼

| 做法 |

1 在碗中加入鸡蛋、细砂糖和盐，用打蛋器混合搅拌 (a)。打到细砂糖溶解变白后，加入牛奶混合 (b)。

2 加入低筋面粉和松饼粉 (c)，仔细混合，变得黏稠后加入奶油 (d、e)。

3 将全部材料混合完成后，盖上保鲜膜，在室温中静置 1 小时。

4 用中火加热平底锅，用冰激凌匙将 3 倒入，使之呈现直径 10 厘米的圆形 (f)。煎 2~3 分钟，当表面出现一颗颗气泡、下面变黄色时翻面，再煎 2~3 分钟（如果用牙签刺进去没有蘸上面糊就表明熟了）。

在煎好的迷你松饼上挤上马斯卡彭奶酪，放上烟熏鲑鱼、莳萝。

布利尼薄饼

| 材料 5~7 份 |

低筋面粉…40 克
荞麦粉…60 克
鸡蛋…1 颗
盐…1/2 小匙
牛奶…125 毫升
干酵母…1 克
洗双糖…1 大匙
奶油…10 克
鸡肉火腿、香料咖喱酱、车窝草…适量

布利尼薄饼

| 做法 |

1 在锅中倒入牛奶和奶油，加热至 40℃ (a)。
2 在碗中放入低筋面粉、荞麦粉、干酵母、盐和洗双糖，倒入 1 中混合 (b ~ d)，溶解后加入鸡蛋，仔细搅拌 (e、f)。
3 盖上保鲜膜，静置 30 分钟，在室温下发酵。
4 用中火加热平底锅，使用汤匙（或冰激凌匙）盛 3 匙发酵好的 3 倒入锅中，使之呈现直径 10 厘米的圆形，当煎到表面稍有气泡后翻面，将两面煎熟（如果用牙签刺进去后没有沾上面糊，即表示煎熟了）。

香料咖喱酱

| 材料 |

咖喱粉…1 小匙
酸奶油…25 克
美乃滋…70 克
柠檬汁…1/4 颗
小葱…1 小匙
莳萝…1 根
大蒜、盐胡椒…各少许

| 做法 |

将小葱、莳萝、大蒜切碎，将所有材料混合。

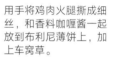

用手将鸡肉火腿撕成细丝，和香料咖喱酱一起放到布利尼薄饼上，加上车窝草。

甜比萨

| 材料 2 份（直径 20 厘米）|
高筋面粉（江别制粉 / 春丰合舞）…
   130 克
低筋面粉（江别制粉 /DOLCE）…
   70 克
干酵母…2.5 克
砂糖…8 克
盐…少许
EV 橄榄油…10 克
水…100 毫升

馅料
调温白巧克力…适量
奶油奶酪…适量
冷冻莓果（黑莓、树莓、蓝莓）…适量
糖粉…适量

| 做法 |
1 揉面…15 分钟。
2 第一次发酵…30 分钟。
3 分割·滚圆…分割为 160 克，2 等份。
4 第二次发酵…无。
5 整形。
6 最后一次发酵…无。
7 烘焙…210℃，8 分钟。

| 重点 |
● 揉好的面团温度为 27℃。

在碗中加入两种面粉、砂糖和干酵
母，混合搅拌，再加入盐混合。

一边慢慢倒入水，一边用手将水和
面粉混合均匀。

当变成一块面团时，加入 EV 橄榄油。

揉 15 分钟，直到 EV 橄榄油和面团
混合均匀为止。

5

将面团滚圆。

9

将面团背面仔细捏紧。

13

准备水果、奶油奶酪和调温白巧克力，作馅料。

6

在碗上盖上保鲜膜，防止面团干燥，放置30分钟进行第一次发酵。

10

用擀面杖排气并延展面团。

14

用3种冷冻莓果（黑莓、树莓、蓝莓），撒上切成块状的奶油奶酪。

7

用切刀将面团切成2等份。

11

整成直径20厘米的圆形，烤箱预热至210℃。

15

用菜刀将调温白巧克力切成细丝，撒在14上面。烘焙完成后，撒上糖粉。

8

将切好的面团滚圆。用双手排气，不断改变方向往内拉，整成圆形。大约重复4次，让外表变得美观。

12

在距离边缘1.5厘米的地方用叉子戳出一圈小点，也在面团中心点出小点（可避免面团膨胀）。

招来福气的中国新年

因为想体验中国新年，也就是春节，所以我邀请了朋友们来家里，为他们献上中国料理。

我在中国旅行时觉得花卷等面点十分美味！

我很想要重现这些料理，但一直失败，

直到近期才成功，所以这也是我首次展示这些料理。

仙人掌和花朵的桌布，搭配绿色的餐具，很有格调。

这些陶瓷餐具都是日本制的。

虽然说要呈现中国风，但我认为也不要太过死板，器皿之间应该适当拉开一段距离。

Bring Good Luck! Chinese New Year

Early Spring

花卷

　　蓬松且口感扎实的花卷，如同其名，它的外形就是个面团卷，切面像是 2 个旋涡交织在一起。虽做法稍复杂，但蒸熟就能吃，希望大家都能学会。这次介绍 3 种口味的花卷，分别是原味、茶味以及葱花味。花卷在中国料理中像是外国的面包一样，会在吃饭时一起上桌，不过我把它变成里面夹着馅料的点心，看起来像是汉堡。在焙茶花卷中我放入了黑芝麻馅，在葱花卷中则放入了烤猪肉、葱丝和生菜。

做法见 P108

烧饼

烧饼是中国台湾路边的知名小吃，因为我想要突出饼皮的美味，所以饼皮做的稍厚实，并且煎过。里面包有虾和韭菜，这道点心和花卷相比较简单，请大家务必尝试一下。馅料的口味多样，发酵完成后，用平底锅将正反两面煎到酥脆，冷却后再重煎一次也可以。最后将烧饼放入我很喜欢的双层竹笼里即可上桌。

做法见 P110

上·左/茼蒿章鱼沙拉。在上桌前淋上热腾腾的柚子醋和芝麻油。

上·右/糖醋香菇甜椒。香菇裹太白粉后油炸，味道浓郁，分量扎实。用花卷蘸着糖醋酱吃十分美味。

下·右/碗里是芝麻芋头鸡汤。拿来当托盘用的瓷盘是平底的，所以有许多用途。桌子中间的长盘为福冈光里制作的。

下/喝茶用的边桌上也搭配了绿色茶具。茶杯材质为萩烧陶。

Menu

花卷（3 种口味）
原味、茶味、葱花味

烧饼
鲜虾韭菜馅

茼蒿章鱼沙拉

糖醋香菇甜椒

烤猪肉

芝麻芋头鸡汤

椰奶冻

上・左 / 将自制的烤猪肉切成薄片后，用生菜包着一起吃，盛在流线型的餐盘中，并用葱丝和香菜装点。

下・左 / 我喜欢有现代感又充满古典色彩的日本南部铁器，所以喝茶时经常用这个铸铁茶壶。这个茶具很百搭，无论是和亚洲料理，还是和欧美料理搭配都很合适。

下・右 / 椰奶冻盛在粉红色的玻璃杯中。

茼蒿章鱼沙拉

糖醋香菇甜椒

烤猪肉

| 材料 4 份 |

茼蒿…1 把

小葱…4 根

鸭儿芹…1 把

熟章鱼…100 克（切块，1 厘米见方）

柚子醋…35 毫升

芝麻油…25 毫升

柚子皮…适量（切丝）

| 做法 |

1 在小锅中加入柚子醋，开火，倒入热过的芝麻油，出现滋的声音后，将锅拿开。

2 将茼蒿、细葱、鸭儿芹、熟章鱼放入餐具中，淋上 1，撒上柚子皮。

| 材料 4 份 |

香菇…12 朵（对半切）

红甜椒…1 个（切块，1 厘米见方）

洋葱…1/2 个（切块，1 厘米见方）

生姜…少许（切丝）

太白粉…2 大匙

油炸用油…适量

芝麻油…适量

A
水…1.5 杯
蚝油…1 大匙
韩式辣酱…1 小匙
砂糖…4 大匙

B
水…2 大匙
盐…2/3 小匙
醋…4 大匙
太白粉…1.5 大匙

| 做法 |

1 将 A 和 B 的材料各自混合。

2 将香菇裹上太白粉，油炸。

3 在平底锅中加入 1 大匙芝麻油，加热后倒入生姜、红甜椒和洋葱翻炒，加入 A，用中火煮熟。

4 在锅中加入 B，沸腾后加入 2 的香菇，混合搅拌后淋上芝麻油。

| 材料 4 份 |

猪腿肉（块状）…500 克

A
绍兴酒…60 毫升
酱油…50 克
味噌…1.5 大匙
蒜泥…2 瓣
姜汁…1 大匙
枫糖浆…50 克

| 做法 |

1 将 A 在碗中混合，制作烤肉酱。将猪腿肉涂上烤肉酱，静置 1 小时。

2 在铺了铝箔纸的烤盘上放上烤网，将涂了烤肉酱的猪腿肉放上去，用 230℃的烤箱烤 15 分钟。

3 取出猪腿肉，再涂一次烤肉酱，放回 2 的烤盘中，将肉块翻面，每面烤 15 分钟。中途再取出一次，涂上烤肉酱，烤到焦黄为止。

芝麻芋头鸡汤

椰奶冻

| 材料 4 份 |
小芋头…4 个
鸡绞肉…250 克
大蒜…1 瓣（切碎）
盐…适量
胡椒…少许
芝麻油…1 大匙
白芝麻粉…3 大匙
水…700 毫升
白酒…1 大匙

| 做法 |
1 将盐和胡椒撒在鸡绞肉上静置。
2 用锅加热芝麻油，加入大蒜，爆香后加入 1 和小芋头。
3 小芋头过油后，加入水和白酒，转中火，沸腾后再转小火，一边去除杂质一边煮。加入 1 小匙盐和胡椒调味。
4 盛到碗中，撒上白芝麻粉。

| 材料 4 份 |
椰奶…1 杯
牛奶…3/4 杯
细砂糖…60 克
吉利丁片…5 克
生奶油…70 毫升
葡萄酒与莓果酱…适量

| 做法 |
1 将吉利丁片浸在冷水（分量外）中泡发。
2 在锅中加入椰奶、牛奶，开中火，稍微沸腾后加入细砂糖混合。
3 关火，稍微冷却后加入 1 溶解，仔细搅拌后过滤。
4 将 3 倒入碗中，再将此碗放入另一个更大的碗中，在大碗中倒入冷水和冰水，一边冷却一边勾芡。
5 另取碗打发鲜奶油（5 分钟），然后用一汤勺的量分次加到 4 中（不要一口气加进去，仔细混合搅拌，不要让生奶油的泡沫消失）。
6 倒入粉色玻璃杯中，放在冰箱冷藏 3 小时，淋上葡萄酒与莓果酱（果酱可随个人喜好添加）。

花卷（3 种口味）

原味

| 材料 8 份 |

低筋面粉（江别制粉 /DOLCE）…250 克
高筋面粉（江别制粉 / 春丰合舞）…50 克
干酵母…6 克
烘焙粉…6 克
细砂糖…30 克
盐…5 克
水…150 毫升
太白胡麻油…12 毫升

| 做法 |

1 揉面…10 分钟。
2 第一次发酵…60 分钟。
3 分割·滚圆…无。
4 第二次发酵…无。
5 整形。
6 最后一次发酵…发酵器皿，28℃，20 分钟。
7 蒸熟…用蒸笼蒸 15 分钟。

| 重点 |

● 揉好的面团温度为 24 ~ 27℃。

第一次发酵结束的花卷面团揉成团。从右起依次为原味、葱、焙茶用的 3 种面团及其配料。

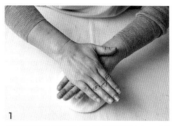

1 将面团表面朝下放在揉面垫上，用双手轻压排气。

2 用擀面杖延展面团，整成 32 厘米 ×15 厘米的长方形。

3 将 32 厘米当作横边，用刷子涂上太白胡麻油（上下 2 厘米为收口，收口处不要涂）。

4 从下方 2 厘米向内折，当作面团的中心。

5 继续向外侧卷，保持同样厚度。

6 卷完后将面团两端仔细捏紧。

7 将收口朝下，用刀子切成 8 等份，再将每…个切成 2 等份，共 16 份。

8 将切成 16 等份的面团，每 2 个为一组并排放，切面朝上。

9

将 8 的面团两两相叠，用拇指和食指捏住左右两边。

⌄

10

双手扭转时面团也会跟着旋转，然后双手再回到原本的位置。

⌄

11

调整面团，让面团看起来呈花卷的形状。

⌄

12

将面团两端稍微收紧。将整形好的面团放到铺了烘焙纸的蒸笼中，进行最后一次发酵（28℃，20 分钟），然后再蒸 15 分钟即可完成。

要将茶叶弄得非常碎，可以使用研磨器具，也能包在厨房纸巾中用擀面杖擀。茶香浓郁，并且口感非常清爽，十分好吃。

如果放入大量的葱花味道会十分浓郁，注意切面团的时候尽量不要让葱花掉出来。

茶味

| **材料　8 份** |
原味花卷的材料 + 7 克茶叶（磨成粉末状）

| **做法** |
和原味花卷相同，但需要在卷面团时放入茶叶。

葱花味

| **材料　8 份** |
原味花卷的材料 + 小葱（切碎，1/2 把）

| **做法** |
和原味花卷相同，但需要在卷面团时放入葱花。用蒸笼蒸 12 分钟。

烧饼

鲜虾韭菜馅

| 材料　12 份 |

高筋面粉（江别制粉 / 春丰合舞）…300 克
干酵母…5 克
烘焙粉…5 克
细砂糖…20 克
盐…3 克
水…200 毫升
太白胡麻油…12 毫升

馅料

黑虎虾…6 只（切碎）
生姜…1 片
韭菜…1 把（切碎）
盐…1 克
芝麻油…2 大匙
鸡汤粉…1/2 小匙

* 用平底锅加热芝麻油，加入生姜爆香后，加入剩下的食材翻炒，再用盐和鸡汤粉调味。

| 做法 |

1 揉面…10 分钟。
2 第一次发酵…40 分钟。
3 分割·滚圆…45 克，12 等份。
4 第二次发酵…无。
5 整形
6 最后一次发酵…室温 20 分钟(24 ~ 27℃)。
7 煎熟…用平底锅，大火转小火，每面煎 5 分钟。

| 重点 |

● 揉好的面团温度为 24 ~ 27℃。

1 在揉面垫上将分割成 45 克的面团滚圆。滚圆的时候，面团在手掌滚动。

4 包住馅料，将收口收紧。

2 用擀面杖延展面团，整出直径 8 厘米的圆形。

5 将面团收口朝下，让面团休息一下。

3 将馅料放入 2。

6 用手掌轻敲压扁一些，放到平底锅上，进行最后一次发酵，20 分钟后将烧饼煎熟。

Chapter 2

Bread Party

制作话题面包

Deli Roll & Pastry

豪华手工炸面包

咖喱面包与皮罗什基

　　日本独特的咖喱面包十分受男女老少的喜爱。我还会向大家展示源于俄罗斯的皮罗什基，它还有裹上面包粉油炸的制作流程，这与咖喱面包一样。将炸好的面包放到午餐盘上，并配上浓汤。

咖喱面包

| 材料 16 份 |

高筋面粉（江别制粉 / 春丰
　合舞）…280 克 (70%)
低筋面粉（江别制粉 /
　DOLCE）…120 克 (30%)
干酵母…10 克 (2.5%)
砂糖…40 克 (10%)
盐…4 克 (1%)
黄油…40 克 (10%)
水…192 毫升 (48%)
鸡蛋（全蛋）…60 克 (15%)
鸡蛋液、面包粉、油炸用
　油…各适量

馅料

鹰嘴豆印度咖喱

| 做法 |

1 揉面…20 分钟。
2 第一次发酵…40 分钟。
3 分割·滚圆…45 克，16
等份。
4 第二次发酵…15 分钟。
5 整形…包住馅料整成圆形。
6 最后一次发酵…发酵器
皿，35℃，20 分钟。
7 油炸…用刷子涂上鸡蛋
液，裹上面包粉，160～180℃
油炸 5～6 分钟。

| 重点 |

●揉好的面团温度为 27℃。

鹰嘴豆印度咖喱

| 材料 |

猪绞肉…230 克
EV 橄榄油…3 大匙
奶油…40 克
孜然…3 小匙

A | 洋葱…3 个
　大蒜…2 瓣（切碎）
　生姜（拇指大）…1 块
　（切碎）

B | 姜黄…1.5 小匙
　辣椒粉…2 小匙
　香菜…2 大匙

　番茄罐头（整个）…1 罐
　水…2 杯

C | 鹰嘴豆…300 克（水煮）
　葛拉姆马萨拉…2 大匙
　盐…2 小匙
　法式清汤块…1 块
　伍斯特酱…1 大匙

| 做法 |

1 在锅中加入 EV 橄榄油、
奶油、孜然，开火爆香后加
入 A，炒 1 小时直到变成咖
色为止。
2 加入猪绞肉，炒到变色为
止，再加入 B，炒 1 分钟。
3 加入番茄罐头，用大火炒
5 分钟，让水分蒸发。
4 将 C 倒入 3，煮 30 分钟，
直到浓稠度变得适中。

皮罗什基

| 材料 14 份 |

和咖喱面包一样，只是馅料不同。

| 做法 |

1 揉面…20 分钟。
2 第一次发酵…40 分钟。
3 分割·滚圆…43 克，14 等份。
4 第二次发酵…15 分钟。
5 整形…包住馅料，整成半圆形。
6 最后一次发酵…发酵器皿，35℃，20 分钟。
7 油炸…用刷子涂上鸡蛋液，裹上面包粉，160～180℃
油炸 5～6 分钟。

馅料

| 材料 |

猪绞肉…240 克
冬粉…20 克

A | 洋葱…1 个（切碎）
　香菇…3 朵（切碎）
　杏鲍菇…2 朵（切碎）
　蘑菇…4 朵（切碎）
　高丽菜…2 片（切碎）
盐、胡椒、EV 橄榄油…各适量

| 做法 |

1 用温水泡发冬粉，沥干后切成 2 厘米的长条。
2 在平底锅中加入 EV 橄榄油，用大火炒 A，加入盐、胡
椒调味，炒好后盛到盘中。
3 用平底锅加热 EV 橄榄油 1 小匙，加入涂抹上盐和胡椒
的猪绞肉，炒到肉变色为止。
4 在 3 中加入 1 的冬粉和 2，混合搅拌，最后再用盐和胡
椒调味。

面团的做法请参考 P8～10 的吐司面团。用擀面杖将圆球形
的面团延展成直径 12 厘米的圆片形，将其放在拇指与食指
上，加入馅料 (a) 并包起来，整平收口 (b)，仔细捏紧 (c)。
因为要拿去油炸，所以收口要特别注意。最后一次发酵完成
后，将面团全部涂上鸡蛋液，裹上面包粉 (d)，拿去油炸。

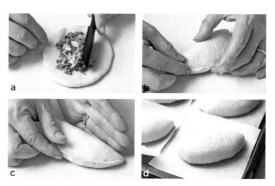

面团的做法请参考 P8～10 的吐司面团。用擀面杖将圆球形
的面团延展成 10 厘米 ×8 厘米的椭圆形面片，将馅料 (a) 放
在面团一侧，以长边当作中心线对折，将面团两端重叠 (b)，
用手指一边压一边仔细捏紧 (c)。因为要拿去油炸，所以收口
要收好。在 35℃的发酵器皿中放置 20 分钟进行最后一次发
酵 (d)。和咖喱面包一样，涂上鸡蛋液，裹上面包粉，油炸。

变化多样的
高水量乡村面包

只要多做几次，就能掌握制作高水量乡村面包的要领，这次我们一起来尝试加入馅料，试试不同的变化。

双层巧克力乡村面包

下图为加了可可粉、调温巧克力做成的乡村面包，调温巧克力推荐使用不怎么甜的黑巧克力。

红酒干果乡村面包

这个面包加了沸腾后放凉的红酒，同时也加入了大量的干果，它与奶酪很搭，口感层次丰富（上图）。

红酒干果乡村面包

| 材料 1 份 |

面粉…400 克 (100%)

  中高筋面粉（梅森凯瑟传统型）…330 克（82.5%）

  特高筋面粉（江别制粉／金帆船）…70 克（17.5%）

洗双糖…12 克 (3%)

盐…8 克 (2%)

星野天然酵母…24 克 (6%)

红酒…280 毫升 (70%，沸腾后放凉)

干酵母…2 克 (0.5%)

馅料

水果干…120 克 (30%)

坚果…100 克 (25%)

| 做法 |

1 揉面…6 分钟。

2 第一次发酵…20℃ 4 小时，放在冰箱 5 小时。

3 分割·滚圆…不用分割，仅滚圆。

4 第二次发酵…20 分钟。

5 整形。

6 最后一次发酵…发酵器皿，33℃，60 ~ 90 分钟。

7 烘焙…250℃ 8 分钟，210℃ 15 分钟。烤箱以 250℃ 预热，形成蒸汽。

| 重点 |

●需要进行第二次发酵。

面团做法请参考 P15 ~ 18 的高水量面团。将完成第二次发酵的面团放在撒了面粉的案板上，用双手将面团延展成直径 24 厘米的圆形，放上喜欢的坚果和水果干。

左右两边各向中间折 1/3，旋转 90°后再折 1/3，将跑出来的坚果压回去，尽快整形。

双层巧克力乡村面包

| 材料 1 份 |

面粉…400 克 (100%)

  中高筋面粉（梅森凯瑟传统型）…330 克（82.5%）

  特高筋面粉（江别制粉／金帆船）…70 克（17.5%）

洗双糖…12 克 (3%)

盐…8 克 (2%)

星野天然酵母…24 克 (6%)

水…280 毫升 (70%)

干酵母…2 克 (0.5%)

可可粉…15 克 (3.7%)

馅料

调温巧克力（超苦）…72 克 (18%)

| 做法 |

1 揉面…6 分钟。

2 第一次发酵…20℃ 4 小时，放入冰箱冷藏 3 小时。

3 分割·滚圆…不用分割，仅滚圆。

4 第二次发酵…20 分钟。

5 整形。

6 最后一次发酵…发酵器皿，33℃，60 ~ 90 分钟。

7 烘焙…250℃ 8 分钟，210℃ 15 分钟。烤箱以 250℃ 预热，形成蒸汽。

| 重点 |

●需要进行第二次发酵。

面团做法请参考 P15 ~ 18 高水量面团。将完成第二次发酵的面团放在撒了面粉的案板上，用双手将面团延展成直径 24 厘米的圆形，放上切碎的调温巧克力。

重复向中间折小三角形并捏紧，将巧克力牢牢包住。在折三角形的过程中也能顺便排气。

红酒干果乡村面包和双层巧克力乡村面包的面团收口都要朝上，整形后放入撒了面粉的发酵篮中。图为面团放入 33℃ 的发酵器皿中，完成最后一次发酵后的样子。当面团膨胀至发酵篮八分满的位置时即表示发酵完成，但是加了坚果或水果干的面团比较难膨胀，所以大概七分满的位置即表示发酵完成。将面团从发酵篮中取出，用割纹刀在表面划出三条纹路后进行烘焙。

美味的 Ciaco 原创蔬菜面包

蔬菜圆面包

将蔬菜加到面团里。把面团整成小小的圆形，放入 8 厘米的模型中发酵，然后烘焙。面包上方蔬菜的摆法非常能展现品味。

蔬菜螺旋面包

用面团包卷着胡萝卜然后进行烘焙，是相当大胆的一道食谱。当萝卜蒸熟时就完成了。图为黄色的岛萝卜。

蔬菜螺旋面包与蔬菜圆面包

| 材料 蔬菜螺旋面包1份、蔬菜圆面包3份 |

高筋面粉…200克（100%）

　　高筋面粉（江别制粉/春丰合舞）…60克（30%）

　　特高筋面粉（江别制粉/金帆船）…140克（70%）

干酵母…4克（2%）

砂糖…16克（8%）

盐…3克（1.5%）

水…120毫升（60%）

黄油…20克（10%）

岛萝卜…1条

馅料（切碎蔬菜）…适量

配料（帕马森干奶酪）…适量

| 做法 |

1 揉面…20分钟。

2 第一次发酵…40分钟。

3 分割·滚圆…蔬菜圆面包：60克，3等份；

蔬菜螺旋面包：183克，不分割。

4 第二次发酵…15分钟。

5 整形…蔬菜螺旋面包：整成条状，包住岛萝卜。

　　　　蔬菜圆面包：包住馅料，整圆，放入圆形模具。

6 最后一次发酵…发酵器皿，35℃，25分钟。

7 烘焙…蔬菜螺旋面包：190℃，20分钟。

　　　　蔬菜圆面包：190℃，15分钟。

| 重点 |

馅料为切碎的洋葱、胡萝卜和红甜椒。

揉好的面团温度为27℃。

最后一次发酵完成后，撒上帕马森干奶酪再烘焙。

蔬菜圆面包使用直径8厘米、高4厘米的圆形模具。面包烤好后插上可生食的蔬菜。

蔬菜螺旋面包

1 将面团延展成岛萝卜长度的1.6倍。用双手将面团来回滚动，延展成条状。

2 用条状面团斜卷，包裹住岛萝卜。

3 卷完后将收口捏紧。

在烤盘上铺上烘焙纸，将面团放入喷了油的圆形模具中，进行最后一次发酵。

蔬菜圆面包

1 将面团表面朝下放在揉面垫上，用手轻压排气。

2 在整成直径8厘米的圆形面团上放上馅料。

3 将馅料包起来，并将收口周围整平。

4

---

column ||||||||||||||||||||||||||||||||||||||||||||||||||||||||

Kiredo 蔬菜园

　　位于千叶县四街道市的Kiredo蔬菜园，每年生产150种以上世界各地的蔬菜。这里的蔬菜具有浓郁的香甜味，香草也重现原有的香气，我常常宅配他们家的蔬菜。负责人栗田贵士先生坚持蔬菜的美味与趣味，他的Kiredo蔬菜工作室也是有趣的休闲场所，在那里可以看到使用其栽种的蔬菜所做成的餐点或加工品等。

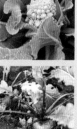

Kiredo蔬菜园，让从前只提供给高级餐厅的蔬菜走进普通家庭。我造访蔬菜园的时节是根茎类等冬季蔬菜收获的季节。

潜艇堡（2 种口味）

| 材料　2 份 |

面粉…300 克 (100%)
　高筋面粉(江别制粉 / 春丰合舞)…
　　150 克（50%）
　特高筋面粉(江别制粉 / 金帆船)…
　　150 克（50%）
干酵母…4.5 克 (1.5%)
砂糖…21 克 (7%)
盐…4.5 克 (1.5%)
牛奶…195 毫升 (65%)
黄油…21 克 (7%)

| 做法 |

1 揉面…20 分钟。
2 第一次发酵…40 分钟。
3 分割·滚圆…220 克，2 等份。
4 第二次发酵…20 分钟。
5 整形。
6 最后一次发酵…发酵器皿，35℃，
20 分钟。
7 烘焙…170℃，15 分钟。

| 重点 |

● 揉好的面团温度为 27℃。
● 烘焙前撒上面粉，直划出纹路，每
条纹路间隔 2 厘米。

变化多样的派对面包

　　面包长 25 ～ 27 厘米。潜艇堡顾名思义就是形状像潜艇，直线延伸的纹路也十分美丽。潜艇堡不使用水，而是使用牛奶，表面会烤得酥脆，但面包本身则柔软厚实，弹性恰到好处。2017 年 12 月，我做的潜艇堡在伊势丹新宿店的活动中限量销售，当时名为"好莱坞潜艇堡"。

1

制作面团的过程请参照P8～10的吐司面团。将第一次发酵完成后的面团放到揉面垫上。将面团表面朝下，用双手轻压排气。

∨

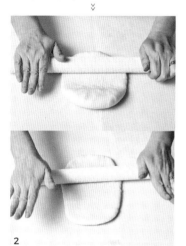

2

用擀面杖从面团中央向后擀，然后再从面团中央向前擀，整成20厘米×15厘米的长方形。

∨

3

将20厘米当作横边，向上折2厘米，卷起的面团厚度要均匀。

∨

4

用手指将收口仔细捏紧。

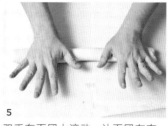

5

双手在面团上滚动，让面团左右延展。

∨

6

将面团整成27厘米长。

∨

7

将面团一端折三角形，尖角朝着收口向内折进。

∨

8

用手指捏紧端点的收口，呈一直线。

∨

9

另一端也用同样的方法折进来。

10

整形完成后，在发酵器皿中进行最后一次发酵，35℃，放置20分钟。撒上面粉，划出纹路后烘焙。

横切三明治

1 用刀在潜艇堡上划出横切口，间隔涂上芥末美乃滋。
2 夹入生菜、紫甘蓝、烟熏火腿、奶酪，点缀上苜蓿芽及欧芹。

直切三明治

1 在潜艇堡上竖切出3道开口，涂上沙拉酱（混合酸奶油与美乃滋，再用柠檬汁、盐、胡椒调味）。
2 夹入五彩缤纷的煎培根、红菊苣、生菜叶、苜蓿芽、奶酪，点缀上迷你小番茄。

美式华夫饼与 比利时华夫饼

| 材料 24 份 |

高筋面粉（江别制粉 / 春丰合舞）…150 克
低筋面粉（江别制粉 /DOLCE）…350 克
细砂糖…40 克
粗砂糖…40 克
鸡蛋…200 毫升
水…240 毫升
星野天然酵母…40 克
盐…2 克
黄油…140 克

| 做法 |

1 揉面…3 分钟（先用打蛋器打蛋，加入细砂糖、粗砂糖混合，再依序倒入水、星野天然酵母、盐混合，最后加入高筋面粉、低筋面粉，当面团变得黏稠时加入变软的黄油）。
2 第一次发酵…25℃，5 小时（直到表面出现气泡）。
3 排气…用橡胶铲刀轻轻搅拌排气。
4 分割…比利时华夫饼：50 克；
　　　　　美式华夫饼：100 克。
5 用松饼机烤 3 分钟。

快速出炉的华夫饼

　　即使是轻松就能烤好的华夫饼，只要使用了天然酵母，成品就会变得相当不同。在假日花点时间一起尝试新变化吧！

如果有一台 Vitantonio 的松饼机会相当方便，圆形是做比利时松饼，方形则是做美式松饼。使用天然酵母的格子松饼口感佳，因为短时间就能烤好，可以上桌前再制作，让客人尝到新鲜出炉的点心。

美式华夫饼

上 / 在烤成正方形的华夫饼上添加许多当季水果，可再按照喜好加上冰激凌、枫糖浆等。

下 / 在圆形华夫饼上添加煎好的酥脆培根和炒鸡蛋，就是一道假日午餐。

比利时华夫饼

在烤成圆形的华夫饼上淋上巧克力酱，撒上糖粉。

超适合派对和送礼的杯子蛋糕

　　用布里欧修面团做成的杯子蛋糕，很适合人多的派对。烤一次就能做出许多杯子蛋糕，拿来当作伴手礼也不错，客人们也会很开心。在此介绍 3 种不同口味与形状的杯子蛋糕。

香水柠檬杯子蛋糕

　　将杯子蛋糕放在蓝白条纹的蛋糕纸杯中显得非常时尚，蛋糕里添加了白巧克力，柠檬的香气也隐约飘在空气中，是一道相当美味的甜点。

咖啡奶油杯子蛋糕

　　膨起来相当可爱的咖啡奶油杯子蛋糕，是我多次尝试的成果，我发现用颗粒状的速溶咖啡作原料比手冲咖啡粉的味道和香气更好，真是不可思议。

肉桂卷杯子蛋糕

　　肉桂配布里欧修面团是永远的经典。将奶油奶酪与肉桂糖当作馅料，卷起来切段。将杯子蛋糕面团放进蛋糕纸杯中烘焙，旋涡状的中心会高高凸起。

香水柠檬杯子蛋糕

| 材料 杯子蛋糕模型（容量 45 克）14 份 **|**

高筋面粉（江别制粉／春丰合舞）…300 克 (100%)

干酵母…6 克 (2%)

砂糖…45 克 (15%)

盐…4.5 克 (1.5%)

无盐黄油…60 克 (20%)

鸡蛋（全蛋）…45 克 (15%)

水…111 毫升 (37%)

柠檬汁…9 毫升 (3%)

馅料

调温白巧克力…60 克

梅耶尔柠檬切片…14 片

（将泡在砂糖水的梅耶尔柠檬切片用 130℃烤 30 分钟）

砂糖粉…适量

| 做法 |

1 揉面…20 分钟。

2 第一次发酵…40 分钟。

3 分割·滚圆…45 克，14 等份。

4 第二次发酵…20 分钟。

5 整形。

6 最后一次发酵…发酵器皿，35℃，20 分钟。

7 烘焙…180℃，13 分钟。

| 重点 |

●馅料的调温白巧克力需切碎，在揉面结束前 5 分钟加进面团中，揉 5 分钟。

●揉好的面团温度为 27 ~ 28℃。

1

面团的做法请参考 P12 ~ 13 的布里欧修团。第一次发酵完成后，将面团置于揉面垫上，将面团整成圆形。

2

再将面团分割成 14 等份，每个 45 克，用手掌包覆住小面团，一边滚动…边排气。

3

将小面团放入蛋糕纸杯中，再将其一起放入杯子蛋糕的金属模具里进行最后一次发酵，完成后烘焙。

咖啡奶油杯子蛋糕

|材料 杯子蛋糕模型(容量30克)19份|
高筋面粉（江别制粉 / 春丰合舞）…300
　克（100%）
干酵母…4.5 克（1.5%）
砂糖…30 克（10%）
盐…4.5 克（1.5%）
牛奶…105 毫升（35%）
水…90 毫升（30%）
无盐黄油…30 克（10%）
速溶咖啡…9 毫升（3%）
咖啡香甜酒…6 毫升（2%）
馅料
浓缩咖啡糖浆 *、可可粒…各适量
* 用市售的"雪印北海道 100 马卡斯彭奶酪"附
赠的浓缩咖啡糖浆。

|做法|
1 揉面…20 分钟。
2 第一次发酵…40 分钟。
3 分割·滚圆…30 克，19 等份。
4 第二次发酵…20 分钟。
5 整形。
6 最后一次发酵…发酵器皿，35℃，15
分钟。
7 烘焙…180℃，13 分钟。

|重点|
●揉好的面团温度为 27 ～ 28℃（右边的
肉桂卷杯子蛋糕也一样）。

分割成 30 克的面团，用手掌包覆住
面团，一边滚圆一边排气。

将面团放入蛋糕纸杯中进行最后一
次发酵，完成后烘焙。最好挤上浓
缩咖啡糖浆，撒上可可粒。

肉桂卷杯子蛋糕

|材料 杯子蛋糕模型 12 份|
高筋面粉（江别制粉 / 春丰合舞）…
　300 克（100%）
干酵母…6 克（2%）
砂糖…45 克（15%）
盐…3.6 克（1.2%）
牛奶…90 毫升（30%）
鸡蛋（全蛋）…75 克（25%）
无盐黄油…60 克（20%）
馅料
　奶油奶酪…100 克
　细砂糖…10 克
　柠檬汁…1 小匙
　肉桂糖…适量
装饰
鲜奶油、肉桂糖、花生碎…各适量

|做法|
1 揉面…20 分钟。
2 第一次发酵…40 分钟。
3 分割·滚圆…289 克，2 等份。
4 第二次发酵…20 分钟。
5 整形。
6 最后一次发酵…发酵器皿，35℃，
20 ～ 30 分钟。
7 烘焙…180℃，13 分钟。

第一次发酵完成后，用擀面杖从面团
中央向前擀，在从面团中央向后擀，将
面团整成 24 厘米 ×15 厘米的长方形。

以 24 厘米当作横边，用刷子刷上水，
面团上下各留 3 厘米不要刷，方便
收口。

将馅料的所有材料混合，涂在面团
上，撒上肉桂糖后用汤匙铺平。

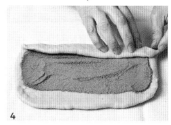

从后向前，内卷 2 厘米，将馅料包
起来。

卷的时候注意厚度要均匀。

用刀每隔 4 厘米做个记号，切成 6
等份。

将面团放入蛋糕纸杯中进行最后一
次发酵，完成后烘焙。放上鲜奶油、
肉桂糖和花生碎。

网红造型
三明治

　　经常出现在社交网络上的网红造型三明治，切面的造型是重点，最近我爱上竹炭三明治，漆黑的竹炭吐司配上雪白的奶油，再加上3颗葡萄并排成的切面，让人印象深刻。虽然颜值重要，但最重要的还是要好吃。

竹炭三明治

│ 材料　2 份 │
竹炭吐司 *…4 片

A
{
马斯卡彭奶油…100 克
炼乳…50 克
希腊酸奶…100 克
}

葡萄 **（麝香葡萄和猫眼葡萄）…适量

* 在 P8 的吐司面团中加入竹炭粉（2%），制作竹炭吐司。放入竹炭粉后烘焙时面团不易膨胀，所以要想让吐司在最后一次发酵时膨胀到模具的九分满的话，最好使用金帆船高筋面粉。
** 葡萄选择可以连皮吃的品种较为合适。

│ 做法 │
1 将 A 混合，制作馅料的奶油。若要口感柔软、有浓稠感的话，用希腊酸奶调整比例。
2 将 A 涂在大量竹炭吐司上，夹入葡萄，此时调整吐司的切面和葡萄的切面，让切面看起来协调。

column

各种调味盐

　　完成时撒上美味又好看的盐也是重点之一，我最近爱上的是位于图片右边的法国产红酒盐，在梅洛葡萄与赤霞珠葡萄的红酒中加入黑胡椒等辛香料，还有薄荷、黑加仑等香草，再加入海盐的结晶，让水分蒸发后即可形成这种红酒盐（Mill et Une Huiles 制造）图中左边是花瓣盐，由生产食用花的农场制造，里面是可食用的紫罗兰花，盐使用的是日本白钻石（新潟·胁坂园艺制）。

将面包片中放入许多食材做馅料，用防油纸包好，然后对切，这个牛油果三明治就是使用这种方法制作的，先将牛油果对切，然后将水煮蛋放在本来是牛油果核的凹处，最后再用刀对切。

牛油果三明治

| 材料 2 份 |

原味吐司…4 片
鸡蛋…2 颗
牛油果…1 个
烟熏三文鱼…2 片
紫甘蓝叶…2 片
盐、胡椒、柠檬汁、蛋黄酱…适量

| 做法 |

1 鸡蛋放入锅中煮 15 分钟，然后放入冷水中去壳。牛油果纵切去核，去皮后，滴上柠檬汁，可防止果肉氧化变色。
2 将牛油果核的空间，整理成能装下一个煮鸡蛋的大小。
3 在 4 片面包上涂上芥末蛋黄酱。
4 在面包片上放上紫甘蓝叶和烟熏三文鱼各 1 片，撒上盐和胡椒。
5 把 1 个鸡蛋及半个牛油果放在面包的正中央。用另一片面包片将其夹成三明治，用纸包好。放进冰箱冷藏一会儿后再切。

* 将食材放在面包上后，也可以将下面的奶油酱涂在加了鸡蛋的牛油果上，然后做成三明治。

奶油酱

| 材料 1 份 |

沙丁鱼…90 克
生奶油…1 汤匙
蛋黄酱…1 大匙
柠檬汁…1 小匙
白醋…1.5 匙

| 做法 |

将材料混合搅拌均匀即可。

将水煮蛋放在切半的牛油果上，再将牛油果放在面包片上。面包片上的食材要放在正中间。

将馅料用 2 片面包片夹好，用防油纸包住，放冰箱冷藏一段时间后再对切。

图书在版编目（CIP）数据

好吃的四季面包盛宴 ／（日）佐川久子著；新锐园
艺工作室组译. —— 北京 ：中国农业出版社，2022.6
（完美烘焙术系列）
ISBN 978-7-109-29592-6

Ⅰ.①好… Ⅱ.①佐… ②新… Ⅲ.①面包－制作
Ⅳ.①TS213.21

中国版本图书馆CIP数据核字(2022)第105439号

合同登记号：01-2019-5668

Haochide Siji Mianbao Shengyan

中国农业出版社出版
地址：北京市朝阳区麦子店街18号楼
邮编：100125
责任编辑：郭晨茜　郭科
责任校对：吴丽婷　责任印制：王宏
版式设计：刘亚宁
印刷：北京通州皇家印刷厂
版次：2022年6月第1版
印次：2022年6月北京第1次印刷
发行：新华书店北京发行所
开本：787mm×1092mm　1/16
印张：8
字数：250千字
定价：80.00元

BREAD PARTY : NINKI PAN KYOSHITSU GRANO
DI CIACO NO SHIKI NO BREAD PARTY
by Hisako Sagawa
Copyright © Hisako Sagawa, 2018
All rights reserved.
Original Japanese edition published by SEKAIBUNKA
HOLDINGS INC.
Simplified Chinese translation copyright © 2022 by
China Agriculture Press Co., Ltd.,
This Simplified Chinese edition published by
arrangement with SEKAIBUNKA Publishing Inc. Tokyo,
through HonnoKizuna Inc., Tokyo, and Beijing Kareka
Consultation

　　本书简体中文版由株式会社世界文化社授权中国
农业出版社有限公司独家出版发行。通过株式会社本
之绊和北京可丽可咨询中心两家代理办理相关事宜。
本书内容的任何部分，事先未经出版者书面许可，不
得以任何方式或手段复制或刊载。